AF337456

COURS COMPLET
D'ENSEIGNEMENT INDUSTRIEL

PUBLIÉ SOUS LA DIRECTION
DE M. MARGUERIN
DIRECTEUR DE L'ÉCOLE MUNICIPALE TURGOT, A PARIS

PROBLÈMES
D'ARITHMÉTIQUE

PAR A. BÉGUIN
PROFESSEUR A L'ÉCOLE TURGOT

PARIS
DEZOBRY, F^d TANDOU ET Cie, LIBRAIRES-ÉDITEURS
RUE DES ÉCOLES, 78

1862

PARIS. — IMPRIMERIE DE J. CLAYE, RUE SAINT-BENOIT, 7.

PRÉFACE

On se contente le plus souvent, pour les énoncés de problèmes, de données prises au hasard et dépourvues de signification réelle. Nous avons pensé qu'on pouvait faire d'un problème quelque chose de plus intéressant et de plus utile en renfermant dans chaque énoncé une notion pratique, simple et aussi rigoureusement exacte que possible. L'homme est naturellement doué de curiosité : l'enfant, dès qu'il peut parler, veut se faire tout expliquer. Nous avons aussi bien la curiosité sérieuse que la curiosité frivole : il s'agit seulement de développer la première en l'excitant et la satisfaisant. C'est à ce penchant naturel, si général et si fort, que s'adresse notre recueil. Les notions positives qu'il contient portent sur le commerce, l'industrie, l'agriculture, la géographie, l'hygiène et en général les sciences considérées surtout dans leurs applications. La grande variété de ces notions, la brièveté avec laquelle elles sont présentées contribueront à les rendre plus accessibles à ces jeunes esprits qui aiment à passer promptement d'un objet à un autre.

Aux énoncés, nous avons joint des notes destinées tantôt à expliquer certaines expressions spéciales, tantôt à ajouter quelques détails justifiés par l'importance de la question. Dans les notes comme dans les énoncés, nous avons tenu à garder la mesure de développement qui convient à un livre de cette nature. C'est au professeur à ajouter de vive voix les explications qui lui paraîtront nécessaires ou utiles.

Ce recueil de problèmes a été conçu dans le même esprit que les ouvrages déjà parus du cours publié sous la direction de M. Marguerin. Il appartient donc à cet enseignement à la fois général et pratique qui est le caractère des études à l'école municipale Turgot.

PROBLÈMES
D'ARITHMÉTIQUE

ADDITION DES NOMBRES ENTIERS.

1. En France, la population des deux sexes, jusqu'à 18 ans,
est de.   15232783 individus;
de 18 à 60 ans, la population du sexe
    féminin est de.   9674684   —
et celle du sexe masculin de.   9372711   —
    Quelle est la population totale de la France ?

2. En 1847, les marais salants du midi de la France ont
fourni . . . .   262919000^k de sel (¹),
les mers de l'Ouest . . . .   230923000 . . —
et les salines de l'Est   76482000   —
    A combien de kilogrammes de sel s'est élevé le produit de ces
exploitations ?

3. On obtient annuellement en France :
1° de l'espèce bovine . . . .   302000000^k de viande;
2° des espèces ovine et caprine (²) . .   82000000   —
3° de l'espèce porcine, en viande de
    charcuterie   315000000   —
    Quelle est la totalité de la viande provenant de ces animaux ?

4. La population de l'Autriche est de   37339012 habitants,
celle des autres États de la Confédéra-
    tion   15775671   —
celle de la Belgique   9153972   —
  — du Danemark   2468713   —

(1) Le sel se tire de l'eau de la mer, des mines de sel gemme et des sources
salées.

(2) Caprine (qui concerne les chèvres). Le radical de ce mot se retrouve dans
capricorne, caprifoliacées, cabrioler, caprice, etc.

celle de l'Espagne. . . . .   15548546 habitants.
— de la France.   36205792   —
— de la Grande-Bretagne.   27624862   —
— de la Grèce.   1045232   —
— de l'Italie.   20309470   —
— des Pays-Bas.   3524823   —
— du Portugal.   3829108   —
— de la Prusse   17202834   —
— de la Russie   65000000   —
— de la Suède et de la Norvége . .   5075088   —
— de la Suisse   2392740   —
— de la Turquie d'Europe   15500000   —
Quelle est la population totale de l'Europe ?

5. La superficie de l'Autriche est de . . . .   665435ᵏ carrés;
celle des autres États de la Confédération de   220076   —
— de la Belgique.   29456   —
— du Danemark   54863   —
— de l'Espagne   488745   —
— de la France.   530278   —
— de la Grande-Bretagne   313128   —
— de la Grèce   49467   —
— de l'Italie   256555   —
— des Pays-Bas   32589   —
— du Portugal   112424   —
— de la Prusse   180294   —
— de la Russie.   5450194   —
— de la Suède et de la
      Norvége   752832   —
— de la Suisse.   41170   —
— de la Turquie d'Europe   260699   —
Quelle est la superficie de l'Europe ?

6. Au 31 décembre 1857, les chemins de fer en exploitation
présentaient les longueurs suivantes :

1. États-Unis . . . .   41900 kilomètres.
2. Grande-Bretagne.   14670   —
3. France   7458   —
4. Prusse   4695   —
5. Allemagne (États divers)   4384   —
6. Autriche   3577   —
7. Canada   2430   —

8. Belgique	1480	kilomètres.
9. Italie	1179	—
10. Russie	1178	—
11. Espagne	670	—
12. Suisse	547	—
13. Hollande	372	—
14. Danemark	240	—
15. Suède et Norvége	166	—
16. Portugal	64	—

Quelle était, en 1857, la longueur totale des lignes de chemins de fer exploitées?

7. Le produit brut d'une ferme de la Brie est ainsi composé :

1° Froment	16416	fr.
2° Grains de mars ([1])	4560	
3° Laines	1800	
4° Moutons et brebis de réforme	600	
5° Veaux de vente	350	
6° Lait, beurre	1000	
7° Deux vaches de réforme	240	
8° Vingt cochons de lait	200	
9° Quatre porcs	360	
10° Basse-cour	200	

A combien s'élève ce produit?

8. Les frais de cette ferme sont ainsi répartis :

Semence. {	1° Grains pour semence de blé-froment	3024 fr.
	2° Semence de mars	1024
	3° Un 1er charretier	300
	4° Un 2e charretier	250
	5° Un 3e charretier	200
Frais	6° Un 4e charretier	150
de	7° Un berger	250
culture.	8° 2 servantes	200
	9° 2 garçons de ferme	160
	10° 2 filles de laiterie	200
	11° Nourriture de ces personnes	1800

(1) Le blé de mars commun est une des nombreuses variétés de froment. Le grain est presque dur, l'épi est plus court que celui du blé d'hiver commun, la variété la plus répandue dans le nord et le centre de la France. La dénomination de chacune de ces variétés indique suffisamment l'époque où l'on doit la semer.

12° Ouvriers auxiliaires pour la récolte. . . . . 2600 fr.
13° Entretien de la ferme et soins pour 10 chevaux.   200
14° Avoine et grains pour la nourriture 3580
15° Fauchage des prés 119
16° Impositions. 1000

Quel est le total de ces frais ?

9. La production moyenne du blé entre les différentes nations de l'Europe se répartit ainsi :

Angleterre et Écosse....	28540000 hectolitres.
Irlande.................	10600000
Russie et Pologne.......	135000000
Prusse	7400000
Autriche...............	29430000
Hollande et Belgique....	3426000
France	90000000
Espagne.................	17860000

A combien d'hectolitres s'élève cette production ?

10. La production des minéraux, en Angleterre, se trouve ainsi répartie pour l'année 1855 :

Charbon de terre,	64664401 tonnes (1), estimées	374375000 fr.
Fer	3069836	—	237500000
Plomb.	64005	—	36802875
Cuivre.	13042	—	30732675
Étain	5753	—	17250000
Argent.	2187 kilo. . . . . estimés	4812500

1° Quelle est la valeur totale de ces productions minérales ?
2° A combien s'élève le nombre des tonnes ?

11. La consommation des comestibles, dans Paris, se trouve ainsi répartie pour l'année 1857 :

Sorties des abattoirs.	Viandes de bœuf, vache, veau, mouton, bouc et chèvre.	50782557 kil.
	Abats et issues de veau	950928
	Viandes et graisses de porc . . .	4933787
	Suifs bruts et fondus.	1956830

(1) Tonne, unité de poids conventionnelle équivalant à 1,000 kilogr., et employée pour l'application du tarif des marchandises qui circulent sur les chemins de fer.

	Viandes de bœuf, vache, veau, mouton, bouc et chèvre.	18997895 kil.
	Abats et issues de veau	936805
	Viandes fraîches de porc, graisses, sangliers, cochons de lait, etc.	5098829
	Abats et issues de porc.	630242
	Charcuterie de toute espèce . . .	1042219
Provenances	Pâtés, terrines, écrevisses, truffes, etc.	101769
de	Fromages secs	1785570
l'extérieur.	Sels gris et blancs	7345305
	Raisins.	5538297
	Volailles, dindes, oies et lapins domestiques, gibiers, etc. . .	1259274
	Saumons, turbots, homards, etc.	19433
	Thons, autres poissons de mer ou d'eau douce	22904
	Huîtres de toutes qualités	31570
	Beurre	3077011
	Œufs	1697681

A combien de kilogrammes s'est élevée cette consommation?

SOUSTRACTION.

12. On compte en France 20030642 personnes occupées aux travaux des champs. De ce nombre, 12871358 ne possèdent point de terres.

Combien y a-t-il en France de cultivateurs propriétaires?

13. On évalue à 39666698 hectolitres la récolte annuelle moyenne du vin en France.

L'exportation nous en enlève environ 2667549 hectolitres.

Combien en reste-t-il pour la consommation de la France?

14. La fabrication du savon, à Marseille, est en moyenne de 40 millions de kilog.

3617300 kilog. ont été exportés.

Combien en est-il resté pour notre consommation?

15. En France, sur 20000 naissances, 12763 individus seulement atteignent l'âge de 20 ans.

Combien meurent avant ce terme?

16. Au moment de l'annexion suburbaine, on comptait dans Paris 5604 voitures à 2 et à 4 roues. 608 étaient à 2 roues.

Combien à 4 roues ?

17. En 1857, on a fabriqué, en France, 151514000 kilog. de sucre de betterave ; en 1856, la fabrication n'avait produit que 81804000 kil.

Quelle a été l'augmentation pour 1857 ?

18. Le sol de la France produit à peu près 7049 quintaux (1) métriques de cuivre, et notre consommation s'élève, en moyenne, à 92368 quintaux.

Combien de quintaux nous sont fournis par l'importation ?

19. La consommation du soufre (2), en France, était, en 1820, de 6790000 kilog. ; en 1855, elle s'est élevée à 34422796 kilog.

Quelle a été l'augmentation ?

20. Le plus ancien de tous les acacias français a été planté, en 1635, par Vespasien Robin, au Jardin des Plantes où il existe encore.

Quel est son âge en 1862 ?

21. Le nombre des naissances, à Paris, a été, en 1859, de 37937.

Dans la même année, il est mort 16199 personnes du sexe masculin et 16183 du sexe féminin.

De combien les naissances ont-elles excédé les décès ?

22. La surface totale de la France est de 52768618 hectares.
1390262 hect. sont consacrés à la culture des céréales,
3442139 hect.　　　—　　　à la culture des pommes de terre, du sarrasin, des légumes secs, du colza, du chanvre, etc.,
21729102 hect. sont consacrés aux pâturages,
8804354 hect.　　　—　　　aux forêts,
1972340 hect.　　　—　　　aux boissons,
766578 hect.　　　—　　　aux vergers (pépinières et oseraies).

Combien d'hectares sont consacrés aux villes, aux chemins, aux fleuves, etc, ?

---

(1) Le quintal métrique vaut 100 kilogrammes.
(2) Le soufre se rencontre abondamment dans la nature, tantôt combiné aux métaux, tantôt à l'état natif dans les produits volcaniques. Les plus grandes exploitations se font en Sicile.

23. Calculer le bénéfice net (1) de la ferme dont nous avons parlé (probl. 7 et 8).

24. Situation du réseau des chemins de fer de la France exploités au 31 décembre des années 1857 et 1858.

DÉSIGNATION DES COMPAGNIES.	LONGUEUR EXPLOITÉE		ACCROISSEMENT EN 1858.
	Au 31 déc. 1857.	Au 31 déc. 1858.	
Nord................	859 kil.	925 kil	
Est.................	1,396	1,614	
Ardennes...........	52	153	
Ouest..............	949	1,140	
Orléans............	1,468	1,733	
Paris-Méditerranée...	1,662	1,819	
Lyon-Genève........	175	215	
Midi...............	727	794	
Dauphiné...........	89	131	
Ceinture...........	17	17	
Graissessac à Béziers..	»	52	
Bessèges à Alais......	30	30	
Anzin à Somain......	19	19	
Carmaux à Albi......	15	15	
Bordeaux à Verdon...	»	»	

Calculer, pour 1858, 1° l'accroissement de chaque ligne ; 2° celui de tout le réseau.

MULTIPLICATION.

25. La consommation annuelle du beurre dans Paris est d'environ 12029000 kilog.

Le kilogramme étant estimé 2 fr. en moyenne, quel est le prix de ce beurre ?

(1) Le produit *net* d'une culture est le *produit brut* dégagé *des frais de production*, *de la rente de la terre* et *des intérêts du cheptel*. On entend par là : 1° les dépenses faites dans l'année en paiement d'ouvriers, de semences, d'engrais et de frais d'administration ; 2° la rente du capital engagé dans l'achat du terrain ; 3° les intérêts du capital absorbé par l'achat des animaux et du mobilier employé aux cultures.

26. La consommation moyenne de la viande de boucherie est évaluée, en Angleterre, à 82 kil. par an et par individu.

La population de l'Angleterre est environ de 16048315 habitants.

Quelle est la consommation totale de la viande de boucherie dans ce pays ?

27. La production du froment, en France, est en moyenne de 16 hectolitres par hectare, et le prix moyen de l'hectolitre est de 17 fr.

Le nombre d'hectares de froment est de 5586786.

Quelle est la valeur totale du produit annuel ?

28. Le sarrasin (blé noir), base de la nourriture en Bretagne, produit, en moyenne, 35 hectolitres de grains par hectare, et 1 hectolitre pèse environ 58 kilog.

1° Quel est le poids de la récolte d'un champ de sarrasin de 24 hectares ?

2° Quelle est la valeur vénale de cette récolte, l'hectolitre étant estimé 7 fr. ?

3° Combien y a-t-il de grains, le kilogramme contenant, en moyenne, 54260 grains ?

29. La production annuelle du mercure ([1]) est comme suit :

Almaden (Espagne)	1100000 kil.
Idria (Illyrie)	175000
Bavière.	30000
Hongrie, Transylvanie et Bohême. . . .	40000
Huanca-Velica (Pérou).	5000

Or, depuis la cession provisoire des mines d'Almaden à la maison Rothschild par le gouvernement espagnol, le prix s'est élevé de 4 fr. 50 à 12 fr. le kilo.

Quelle est la valeur totale de cette production ?

30. En 1858, le chemin de fer du Nord a reçu par kilomètre. . . . . 62065 fr.

Le chemin de fer de l'Est	34972
— de l'Ouest	40659
— d'Orléans.	38064
— Paris-Méditerranée.	55276
— de Ceinture	85365

([1]) Le cinabre ou vermillon (sulfure de mercure) est le minerai le plus abondant. On trouve aussi le mercure à l'état natif aux environs d'Idria.

Pour le chemin de fer du Nord, la longueur exploitée était
de . . . . 894 kil.
Celle du chemin de l'Est de. 1550
—   de l'Ouest de. 1060
—   d'Orléans de 1570
—   Paris-Méditerranée de 1736
—   de Ceinture 17
Quelle a été, en 1858,
1° La recette de chacune de ces lignes? 2° la recette totale?

31. La production annuelle des principaux métaux évaluée
en quintaux métriques est en moyenne :

Celle de l'argent de . . .	12477$^{q.m.}$	estimés	22222^{f}	le quint.
— du cuivre	524136	—	237	—
— de l'étain	75630	—	210	—
— du fer	21963900	—	40	—
— du mercure	13500	—	1000	—
— de l'or.	1000	—	350000	—
— du platine	23	—	120000	—
— du plomb (Europe)	852800	—	50	—
— du zinc.	417000	—	50	—
— de l'antimoine (¹).	5681		2040	—

Quelle est la valeur totale de cette production ?

32. On consomme annuellement à Londres à peu près 16 fois
autant de bière qu'à Paris.

L'hectolitre étant estimé, en moyenne, 18 fr. à Londres, et 25 fr.
à Paris, on demande la différence qui existe entre les consom-
mations de bière dans les deux capitales?

Paris consomme, en moyenne, par an, 152436 hectolitres de
bière.

33. Dans les Vosges, le travail complet de la vigne se fait à
raison de 208 fr. par hectare, la taille et l'échalassement compris.

Les frais de culture mécanique du froment, labour, fauchage,

---

(1) Métal d'un blanc bleuâtre, brillant, lamelleux, se rapprochant beaucoup de
l'arsenic. On le rencontre presque toujours combiné au soufre : en *France,* dans le
Puy-de-Dôme, le Gard, l'Ariége et la Vendée ; en Angleterre, en Saxe, en Suède,
en Hongrie, au Mexique, en Sibérie, aux Indes orientales, à Bornéo. — L'antimoine
s'allie surtout avec l'étain, le plomb et le bismuth. Les alliages servent à faire
des poteries d'étain, des ustensiles de ménage, surtout les belles théières an-
glaises en *métal de la reine,* des couverts en *métal d'Alger,* des caractères d'imprimerie et des planches stéréotypes.

battage, vannage, frais de transport, etc., ne s'élèvent qu'à 75 fr. par hectare.

L'hectare rapporte 25 hectolitres de vin estimé 32 fr. l'hectolitre ou 24 hectolitres de froment valant 23 fr. l'hectolitre.

Quel avantage y a-t-il à laisser en vigne, dans ce département, une étendue de 13 hectares ?

34. Le cheptel ([1]) d'une ferme des environs de Provins est composé comme il suit :

450 moutons à 8 fr.	fr.
10 chevaux à 350 fr.	
Instruments aratoires	800
4 charrettes à 328 fr.	
Instruments divers et meubles.	2165
15 vaches à 136 fr.	
1 taureau	478

Quelle est la valeur de ce cheptel ?

35. On estime qu'un piéton sans charge fait 125 pas par minute.

Combien de pas en 7 heures 28 minutes ?

36. Les feuilles de mûrier ([2]) se vendent, en moyenne, 6 fr. le kilogramme.

Quelle sera la valeur de production d'un hectare planté de 208 mûriers de différents âges ([3]), savoir :

| 46 à 6 ans produisant chacun 25^k de feuilles. |
| 59 à 9 — — — 48 — |
| 37 à 14 — — — 77 — |
| 23 à 18 — — — 94 — |
| et 43 à 22 — — — 100 — |

37. Pour la laine peignée, le numéro indique combien il y a de fois 710 mètres par kilogramme ; ainsi, le n° 100, qui est un

([1]) Nous rappelons que le cheptel d'une ferme est le capital engagé dans l'achat des instruments aratoires, des meubles, des bêtes de travail et des bêtes de vente de la ferme.

([2]) La France seule produit pour 19 millions de feuilles de mûrier auxquelles l'industrie des vers à soie ajoute une valeur de 93 millions, et les divers degrés de fabrication une valeur de 270 millions. Le mûrier rapporte donc à la France 312 millions de francs, le tiers du produit de ses vignes.

([3]) La vie du mûrier est très-longue. On en possède dans l'Ardèche qui ont été plantés sous Henri IV. C'est à 22 ans que la production des feuilles atteint son maximum.

numéro assez commun, veut dire que 1 kilog. de ce fil doit avoir une longueur de 100 fois 710 mètres (¹).

Quelle est la longueur de 75 kilog. de fil de laine n° 100 ?

DIVISION.

38. La viande de boucherie consommée annuellement en France est d'environ 684557916 kilog.

La population étant de 36029364 habitants, quel est le nombre de kilogrammes de viande consommés par individu, chaque année ?

39. A Paris, où la population est de 1053900 (²) habitants, cette consommation s'élève à 87473700 kilog. Combien chaque Parisien consomme-t-il, en moyenne, de kilogrammes de viande ?

40. La compagnie des voitures de place verse, en moyenne, 1223115 francs par an à la ville de Paris, à raison de 1 franc par jour pour chaque voiture qui circule.

Combien de voitures circulent par jour, en moyenne, dans la capitale ?

41. Paris consomme annuellement 172839600 litres de vin environ?

Combien de litres pour chacun de ses 1053900 habitants ?

42. En France, on consomme, par an, environ 252205548 kilog. de sel marin pour les usages alimentaires.

Si la consommation du sucre chez nous était ce qu'elle doit être, c'est-à-dire le double de sel,

Quelle serait la quantité moyenne de sucre consommé par individu, la population étant d'environ 36029364 habitants ?

43. Le rapport moyen de l'hectare de terre, en France, est de 16 hectolitres de froment. En Angleterre, il est de 22 hectolitres.

Combien faut-il d'hectares de terre, en France, pour rapporter autant que 63 hectares en Angleterre ?

44. La nourriture d'un bœuf, par jour, est en moyenne 3 p. 100 de son poids.

(1) La longueur de l'écheveau est de 710 mètres.
(2) Recensement de 1855, avant l'annexion.

Combien 56 bœufs, pesant chacun 700 kilog., consommeront-ils de kilog. de nourriture en 30 jours?

45. La consommation de sucre dans Paris est d'environ 11592900 kilog. et de 144117456 kilog. dans la France entière.. Quelle est la quantité moyenne consommée par individu :
1° à Paris; 2° en France; 3° dans la province seule, la population de Paris étant de 1053900 habitants et celle de la France entière de 36029364 habitants?

46. Sous le rapport nutritif, 156 hectolitres de haricots équivalent à 308 hectolitres de froment.
Le poids de l'hectolitre de haricots étant 77 kilog. et celui de l'hectolitre de froment 78 kilog.
Quel est le rapport de la puissance nutritive du haricot à celle du froment?

47. On évalue à 1 kilog. par jour de travail la consommation du coton pour 24 broches.
Combien les 3415000 broches de la France entière peuvent-elles filer de coton par jour?

48. En partant du XIIIᵉ siècle jusqu'à nous (¹) les prix des bœufs et des moutons ont monté de. . . . . 1 à 18
ceux des blés et des grains de. . . . . 1 à 20
On demande combien valaient, en 1250 :

1°   123 bœufs estimés aujourd'hui 412 francs par tête,
     378 moutons au prix moyen actuel de 45 francs;
2° 3540 hectolitres de blé au cours de 18 francs l'hectolitre?

49. Dans une féculerie, avec un appareil mû par un manége, on peut traiter jusqu'à 10000 kilog. de pommes de terre par jour de 10 heures de travail.
Combien obtiendra-t-on ainsi de kilogrammes de fécule en 268 jours?

____

(1) Les denrées exotiques, au contraire, ont baissé de prix, grâce à nos communications plus rapides et plus fréquentes avec les pays de production. Ainsi, le sucre se vendait 20 sous la livre en 1595, valeur à peu près correspondante à 3 francs d'aujourd'hui, le prix d'une journée de travail ayant presque triplé depuis lors. Ce ne fut qu'en 1810 d'ailleurs que l'on commença en France à faire du sucre de betterave.

Les pommes de terre renferment en moyenne 20 p. 100 de fécule sèche (1).

50. Quoique l'ensemble du blanchiment et de l'apprêt des tissus de coton ne réclame pas moins de 25 opérations successives, dont plusieurs exigent l'emploi de machines coûteuses, le blanchisseur ne reçoit environ que 1 franc par pièce de 22 mètres.

Combien doit-il recevoir pour 58916 mètres ?

51. Le nombre d'ouvriers employés dans les filatures de coton est d'environ 1 ouvrier pour 49 broches.

Le nombre total des broches en France est de 3415000.

Combien d'ouvriers sont employés dans toutes les filatures de coton de la France ?

52. Le directeur d'une féculerie a acheté pour 10218 francs de pommes de terre à raison de 3 francs les 100 kilog.

L'hectolitre pèse 65 kilog. en moyenne.

Combien ce directeur a-t-il acheté d'hectolitres de pommes de terre ?

53. Un hectolitre de froment pèse environ 79000 grammes, et 100 grains 10 grammes.

Un cultivateur a semé dans 8 hectares 6320000 grains de blé.

Combien a-t-il semé d'hectolitres par hectare ?

54. Un batteur au fléau (2) de force ordinaire bat environ par jour 136 gerbes de blé pesant 5 kilog. chacune en moyenne.

Combien 10 ouvriers batteurs en grange mettront-ils de journées pour obtenir 238 hectolitres de froment du poids moyen de 78 kilog. l'hectolitre ? On sait d'ailleurs que 100 kilog. de gerbes fournissent à peu près 84 kilog. de grains.

---

(1) La quantité de fécule contenue dans la pomme de terre change suivant la nature du sol et l'humidité ou la sécheresse de la saison ; elle diminue à mesure qu'on s'éloigne de l'époque de la récolte.

(2) Aujourd'hui, dans presque toute la France, les machines à battre ont remplacé le fléau. Les machines le plus ordinairement employées dans les fermes fournissent 25 à 30 hectolitres de grains par jour. La machine anglaise du Conservatoire des arts et métiers a battu, devant la commission de Seine-et-Oise, 96 hectolitres de grains dans un jour.

1 hectolitre de grains battu au fléau coûte environ   1 fr. 40
»   »   à la machine   0,   45

SUR LES QUATRE OPÉRATIONS DES NOMBRES ENTIERS.

55. Le puits de Grenelle fournit environ 2400 litres d'eau par minute.

1 litre d'eau pèse à très-peu près 1 kilogramme.

Après combien de temps ce puits aura-t-il fourni 204240 kilog. d'eau ?

56. Un oranger de 20 à 30 ans produit environ 144 fois autant de fruits qu'un cédratier (1).

Or, si 128 oranges étaient vendues 1 franc, la récolte d'un oranger vaudrait 27 francs.

Combien un cédatrier produit-il de fruits, en moyenne ?

57. On met à peu près 12 kilog. de sucre pour 5 kilog. de thé en infusion.

La valeur du sucre employé pour le thé consommé en France s'élève environ à 835200 fr. par an.

A combien de kilog. s'élève la consommation annuelle du thé en France, le sucre étant estimé 3 francs les 2 kilog. ?

58. Dans la conservation des légumes, la dessiccation de 4000 kilog. de légumes frais exige : 1° 500 kilog. de houille pour le chauffage de l'air dans 3 grands calorifères ; 2° 150 kilog. pour produire la vapeur qui transmet la force aux presses hydrauliques, aux scies circulaires, aux tire-sacs, etc.

A combien s'est élevée la dépense de la houille employée aux 6000000 kilog. de légumes frais traités en 1856, le charbon de terre étant estimé 3 francs les 100 kilog. ?

59. La récolte moyenne des topinambours, en Alsace, est de 25492 kilog. par hectare, et 14 kilog. de topinambours équivalent, pour la nourriture des bestiaux, à 5 kilog. de foin.

A combien de kilog. de foin équivaut la récolte de 7 hectares ?

60. La population totale de la Russie est de 70000000 d'habitants.

La population du sexe féminin surpasse celle du sexe masculin de 1750000 individus.

Quelle est la population de chaque sexe ?

______
(1) Le *cédratier* est un arbre de la famille des citronniers.

61. Un hectare de terre rapporte, en moyenne, 20 hectolitres de pois, et l'hectolitre pèse à peu près 81 kilog.

17 kilog. de pois ont une valeur vénale égale à celle de 20 kilog. de blé.

L'hectolitre de blé du poids de 78 kilog. est estimé 18 francs.

Quel sera le prix de la récolte d'un champ de pois de 224 hectares ?

62. 25 pieds de ricin (1) peuvent produire 1 kilog. de graines, et 1 hectare peut recevoir 15625 pieds.

5 kilog. de graines fournissent 2 kilog. d'huile au prix moyen de 3 francs le kilog.

Quel sera le prix de l'huile fournie par la récolte d'un hectare ?

63. 1000 kilog. de houille donnent environ 33 kilog. de noir de fumée (2), et un sac rempli de noir de fumée pèse, en moyenne, 48 kilog.

Combien faudra-t-il de kilog. de houille pour fournir 132 sacs de noir de fumée ?

64. La dépense totale annuelle (entretien, exploitation, administration) du chemin de fer de Paris à Orléans est de 3934920 francs et le produit brut de 9982444 francs.

La dépense annuelle par kilomètre est de 29810 francs.

Quel est le produit brut par kilomètre ?

65. La 1re coupe d'un pré a donné 8524 kilog. de foin par hectare ;

La 2e et la 3e ensemble en ont donné autant que la 1re ;

La récolte des 3 coupes s'élève à 255720 kilog.

Quelle est la surface de ce pré ?

66. Les récoltes de 9 hectares de tabac en Flandre et de 4 hectares près de Cahors ont donné ensemble 11088 kilog. de tabac sec.

(1) Plante de la famille des euphorbiacées. — Les semences du ricin, assez semblables aux haricots pour la forme et la dimension, sont luisantes, grises et tachetées de noir ; elles contiennent une huile grasse et douce, qui constitue un bon purgatif d'un usage fréquent en médecine. On tire d'Amérique la plus grande partie de l'huile de ricin employée en pharmacie.

(2) Le noir de fumée est une poudre très-légère et un peu grasse ; c'est une véritable suie produite en faisant brûler dans des marmites de fer des résines telles que la poix, le goudron, etc.

Ce noir entre dans la composition de l'encre des imprimeurs, du cirage, du vernis, etc.

Or, l'hectare en Flandre produit 660 kilog. de tabac sec de plus que l'hectare à Cahors.

Quelle est, par hectare, la production du tabac sec en Flandre et à Cahors ?

67. La production totale annuelle de l'argent (1) à la surface du globe surpasse de 628 kilog. la production de ce métal en France pendant 412 années.

Mais il manque 265748 kilog. à cette production totale pour égaler la production de l'argent en France pendant 500 ans.

Quelle est la production moyenne annuelle de l'argent en France et la production totale à la surface du globe ?

68. Il y a à Londres 1126000 maisons, 2 fois autant qu'à Paris, moins 149000.

Combien de maisons à Paris ?

69. Il résulte de la statistique de l'industrie parisienne faite par la Chambre de commerce en 1848,

Que le nombre des boulangers surpasse de 104 celui des bouchers, et

Que le nombre des épiciers surpasse de 21 ces deux nombres réunis.

Or, la somme de ces nombres (bouchers, boulangers, épiciers) égale 2229.

Calculer le nombre d'épiciers, de boulangers et de bouchers établis à Paris en 1848.

70. D'après la même statistique, s'il y avait 3807 ouvriers de plus occupés à l'ameublement, il y aurait 7 ouvriers par fabricant, et

______

(1) L'argent existe dans la nature sous un grand nombre de formes ; mais de tous les minerais d'argent, le sulfure est le plus abondant.

La mine d'argent la plus riche du monde est celle de Guanaxato au Mexique. Les plus célèbres sont ensuite celles du Pérou, du Chili, des États-Unis et de la Colombie. On rencontre aussi des mines d'argent importantes en Hongrie, en Transylvanie, en Norwége, en Saxe, en Westphalie, etc. Mais le Nouveau Monde fournit à lui seul les $\frac{9}{10}$ de tout l'argent qui entre dans le commerce.

Nous possédons des mines d'argent, en France, dans le Haut-Rhin, dans le Finistère et dans l'Isère, mais elles sont trop pauvres pour être exploitées.

A l'état de pureté absolue, l'argent est moins dur que le cuivre ; c'est pour cela que les monnaies, les bijoux, les ustensiles, les vases qu'on fabrique avec ce métal renferment une certaine quantité de cuivre allié à l'argent. Ainsi, en France, la monnaie d'argent renferme $\frac{1}{10}$ de cuivre, la vaisselle 5 pour 100, et les bijoux $\frac{1}{4}$.

S'il y en avait 1906 de moins, il y aurait 6 ouvriers par fabricant.

1° Quel est le nombre de fabricants occupés à l'ameublement ; 2° le nombre d'ouvriers ?

71. Les charançons (^{1}) se multiplient de telle sorte que 624 paires suffisent à produire un nombre d'individus capables de détruire 15 hectolitres de blé en 1 an.

L'hectolitre de blé pèse environ 78 kilog., et l'on peut admettre que 1 charançon détruit 3 grains dans une année.

10000 grains de blé pèsent 1 kilog. en moyenne.

Combien 1 paire de charançons produit-elle d'individus ?

FRACTIONS A DEUX TERMES.

72. Pour obtenir la plus grande partie de l'arome du café, il faut effectuer rapidement la filtration de l'eau bouillante sur le café récemment moulu, en ayant soin que le poids du café ne soit que les $\frac{3}{25}$ de celui de l'eau.

D'après cela, combien doit-on mettre de café moulu pour 1 litre d'eau (1000 grammes) ?

73. La valeur de la paille d'une récolte de froment vaut, en général, les $\frac{3}{7}$ de celle du grain.

L'hectolitre de grains du poids de 78 kilog. est estimé 21 francs.

Quel sera le prix de la paille d'un champ de 17 hectares dont la récolte est de 2028 kilog. de grains par hectare ?

74. La $\frac{1}{2}$ + les $\frac{3}{7}$ de la valeur des tissus de soie exportés de France, en 1857, égalent 304300000 francs.

Quelle était la valeur totale de ces tissus ?

75. En retranchant 8079000 francs du produit total des mines

______

(1) Le charançon est l'insecte qui exerce le plus de ravages dans nos greniers à blé. Il se nourrit de la matière farineuse du grain. On peut citer encore parmi les insectes ennemis des céréales *l'alucite*, espèce de papillon nocturne, très-répandu, précisément dans les pays qu'épargnent les charançons.

de cuivre et d'argent du Chili, en 1856, les $\frac{4}{9}$ + les $\frac{2}{7}$ + les $\frac{5}{18}$ du reste égalent 53086000 francs.

Quelle est la valeur de ce produit?

76. Le $\frac{1}{4}$ + les $\frac{2}{3}$ + les $\frac{5}{12}$ de la valeur des tissus de laine exportés de France, en 1857, surpassent de 57800000 francs la valeur de ces tissus.

Quelle est cette valeur?

77. L'alliage de zinc et de cuivre qui forme la base de la bijouterie d'imitation, à cause de sa belle couleur jaune, contient les $\frac{3}{4}$ de son poids de cuivre.

Combien entre-t-il de zinc dans 672 kilog. de cet alliage.

78. Il y a actuellement dans les basses-cours de la France à peu près 4108526 poules.

Chaque poule pond, en moyenne, pendant les $\frac{3}{5}$ de l'année.

Quel est le nombre d'œufs pondus annuellement en France?

79. 1 hectolitre de riz (1) non décortiqué pèse 75 kilog.; la balle et l'écorce forment ensemble $\frac{1}{4}$ du poids.

Combien pèsent 168 hectolitres de riz décortiqué?

80. Le prix normal de la pomme de terre est les $\frac{8}{49}$ de celui du blé.

Combien doit valoir l'hectolitre de pommes de terre, lorsque l'hectolitre de froment vaut 26 francs?

(1) Le riz est une des céréales les plus importantes. En Asie, où l'on en récolte des quantités immenses, il tient lieu de blé. Une rizière (lieu planté de riz) y donne presque toujours deux et quelquefois, dans certaines parties de l'Hindoustan, jusqu'à quatre récoltes. La culture du riz présente des causes graves d'insalubrité. Pendant la plus grande partie de la végétation, les eaux des rizières sont presque toujours stagnantes; il en résulte des fièvres intermittentes, endémiques, qui déciment les populations environnantes.

En Piémont, la culture du riz est défendue à 14 kilom. de la capitale, à 9,250 mètres des villes de second ordre et des places fortes, et à 1,000 mètres des villes d'un ordre inférieur.

81. Dans les travaux que nécessitent les chemins de fer, la dépense des terrassements est à peu près les $\frac{3}{5}$ de la dépense des travaux d'art et des terrassements réunis.

Pour le chemin de fer de Paris à Orléans, la dépense des terrassements par kilomètre a été de 62 000 francs.

Quelle a été, par kilomètre, la dépense des travaux d'art ?

82. Le $\frac{1}{5}$ + les $\frac{19}{85}$ + les $\frac{3}{17}$ de la longueur totale des rues de Paris augmentés de 170 000 mètres donnent la longueur de ces rues.

Calculer cette longueur ?

83. Les $\frac{8}{43}$ + les $\frac{2}{5}$ + $\frac{1}{3}$ de la quantité de beurre vendue par la France à l'Angleterre, en 1860, égalent 593000 quintaux métriques.

Quelle est cette quantité ?

84. En France, le numéro des fils de coton indique le nombre de kilomètres contenus dans $\frac{1}{2}$ kilog. de fil.

On demande d'après cela combien il y a de kilomètres dans $49^k\frac{3}{5}$ de fils de coton n° 30.

85. La soie fournie par les cocons est, en moyenne, les $\frac{3}{25}$ du poids des cocons.

La soie grége (¹) étant estimée 55 francs le kilog., on évalue à 165 000 000 de francs la valeur de la soie mise en œuvre annuellement en France.

Quel est le poids des cocons qui fournissent cette soie ?

86. La cueillette de 100 kilog. de groseilles exige environ 6 journées $\frac{1}{2}$ de femme et coûte 5 francs.

---

(1) On nomme *soie grége* celle qui est dévidée des cocons; *soie crue* ou *écrue* celle qui a passé au moulinage sans avoir été débouillie ; *soie cuite*, celle que l'on a fait préalablement bouillir pour lui enlever la substance gommeuse dont elle est imprégnée.

La France produit annuellement environ 1 million et demi de kilogrammes de soie, et en consomme à peu près quatre fois plus.

La cueillette de 250 touffes de groseilliers a été faite en 325 journées.

A combien s'élèvent les frais de cueillette et quelle a été la production moyenne de chaque touffe?

87. Dans la nutrition de l'homme, $1^k\frac{3}{8}$ de pruneaux, ou $2^k\frac{9}{25}$ de châtaignes fraîches équivalent à 1 kilog. de pain.

Combien $107^k\frac{1}{4}$ de pruneaux valent-ils de kilog. de châtaignes fraîches?

88. Dans une récolte de blé, le poids des grains est environ les $\frac{2}{5}$ du poids de la paille récoltée.

Quelle est, en hectolitres, la récolte d'un champ de blé qui a fourni 24885 kilog. de paille? L'hectolitre de grains pesant 79 kilog?

89. La houille fournit à peu près les $\frac{4}{9}$ de son poids de coke.

Combien de kilogrammes de coke sont produits journellement dans les usines à gaz de Paris?

100 kilog. de houille donnent environ 23 mètres cubes de gaz, et la consommation du gaz à Paris est évaluée à 56580 mètres cubes par jour.

90. La valeur de la paille de froment n'est que les $\frac{2}{3}$ de celle du seigle, la meilleure de toutes pour les bestiaux, et 100 kilog. de paille de froment valent en moyenne 11 kilog. de grains.

Quel doit être le prix de 100 kilog. de paille d'avoine lorsque l'hectolitre de froment du poids de 77 kilog. vaut 21 francs?

91. Combien faudrait-il de cultivateurs pour cultiver à bras les 32619345 hectares de terre soumis à la culture en France, en admettant que chaque agriculteur cultivât, par an, $1^h\frac{1}{4}$?

Combien de chevaux? — Un cheval équivaut à 5 hommes environ.

92. Un cheval transporte, dans une journée, $\frac{1}{3}$ de son poids à peu près à 46 kilomètres de distance, et la $\frac{1}{2}$ de son poids à 26 kilomètres.

Déterminer le poids du cheval qui a transporté 2 hectol. de blé pesant 79 kilog. à la distance de 46 kilomètres.

Combien ce cheval aurait-il porté de kilogrammes à la distance de 26 kilomètres ?

93. Dans les pains fendus ordinaires de 2 kilog., à Paris, la croûte forme les $\frac{17}{83}$ du poids. Dans les pains de munition ronds de $1^k\frac{1}{2}$ la croûte forme le $\frac{1}{4}$ du poids.

Combien 240 pains de 2 kilog. renferment-ils de kilog. de croûte de plus que 168 pains de munition ?

94. Un cultivateur sème à la volée 2 hectares en $\frac{2}{5}$ de jour.

Combien mettra-t-il de jours pour semer $20^b\frac{5}{6}$?

95. Avec le bois, une cheminée n'utilise que les $\frac{3}{50}$ à peu près de la chaleur totale donnée par le combustible, et, avec la houille, elle en utilise les $\frac{6}{49}$ environ.

Combien faut-il mettre, d'après cela, de kilogrammes de bois dans une cheminée pour chauffer autant qu'avec 100 kilog. de houille ? On sait d'ailleurs que 76 kilog. de charbon de terre donnent autant de chaleur que 175 kilog. de bois.

96. Le prix de l'orge, à mesure égale, est approximativement les $\frac{13}{25}$ de celui du froment.

Combien d'hectolitres d'orge équivaudront à la récolte de 12 hectares de froment, l'hectare rapportant 26 hectolitres, en moyenne ?

97. On a trouvé que le foin perdait dans le grenier les $\frac{4}{25}$ du poids qu'il a après sa dessiccation sur le pré.

Quel poids doivent avoir les bottes de foin mises au grenier pour diminuer jusqu'à 5 kilog.

98. Dans la production totale annuelle de l'étain ([1]), la Saxe et la Bohême fournissent 1868 quintaux métr., l'Angleterre la $\frac{1}{2}$ de la production totale, plus 2185 quintaux, et l'Inde les $\frac{2}{5}$ de cette production totale, plus 3510 quintaux.

Quelle est la valeur de la production totale annuelle de l'étain? Le quintal est estimé 220 fr.

99. La récolte des raisins dits de Corinthe, dans les îles Ioniennes, peut être estimée aux $\frac{2}{5}$ de celle de la Grèce.

Or les $\frac{4}{5}$ + les $\frac{6}{13}$ + le $\frac{1}{3}$ + les $\frac{11}{39}$ de la récolte des raisins en Grèce, en 1857, diminués des $\frac{2}{3}$ + du $\frac{1}{5}$ + des $\frac{7}{20}$ + des $\frac{11}{39}$ de cette récolte donnent pour résultat 2 475 000 kilog.

A combien de kilog. de raisins dits de Corinthe s'est élevée cette production?

100. Dans le traitement des minerais de fer en Angleterre, le fer produit est le $\frac{1}{3}$ du minerai ou le $\frac{1}{4}$ du charbon de terre employé.

Or le minerai consommé annuellement dans ce pays surpasse de 6 000 648 tonnes métriques le fer produit.

1° Quelle est la production annuelle du fer en Angleterre?

2° La quantité de minerai et la quantité de charbon de terre consommés?

101. L'Angleterre fournit les $\frac{98}{213}$ de la production annuelle du plomb ([2]) en Europe; l'Espagne les $\frac{26}{71}$ de cette production; la

(1) Les mines d'étain du comté de Cornouailles sont les plus considérables de l'Europe. L'étain des Indes est le plus pur, surtout celui de Malacca. — La soudure des plombiers est composée de 1 partie d'étain et de 2 parties de plomb. — Les feuilles métalliques des boîtes à thé provenant de la Chine, les feuilles qui servent à doubler les bouteilles électriques, à envelopper le chocolat, le sucre de pomme, etc., sont formées à peu près de 9 parties d'étain et 16 de plomb.

(2) Les plus importantes mines de France sont celles de Poullaouen et de Huelgoet, dans le Finistère; de Sainte-Marie-aux-Mines, dans les Vosges; de Pontgibaud, dans le Puy-de-Dôme; de Vialas et de Villefort, dans le Gard.

La quantité annuelle extraite dans les diverses parties du globe a une valeur de plus de 160 millions de francs.

France les $\frac{2}{213}$ ou 8000 quintaux métr., et l'empire d'Autriche

les $\frac{3}{28}$ de la production de l'Angleterre, plus 9000 quintaux.

Quelle est la production annuelle du plomb : 1° en Europe ; 2° en Angleterre ; 3° en Espagne ; 4° en France ; 5° en Autriche ?

FRACTIONS DÉCIMALES.

102. On a calculé qu'une poule consomme par jour, outre la vaine pâture, pour 0^f,025 de grains.
Combien par an ?

103. Pendant le mois de juillet 1860, le chemin de fer d'Orléans expédiait, chaque jour, pour Paris, 20264 kilog. environ de cerises et de groseilles.
Le kilogramme étant estimé 0^f,25, en moyenne, quel a été le produit de la vente pendant le mois ?

104. Les tarifs légaux fixés sur la majeure partie des chemins de fer français sont :

Pour les voyageurs. . . . .
Par tête et par kilomètre. . . . . .

1re classe. . . .	0^f,10
2e classe. . . .	0,075
3e classe	0,055

Combien recevra-t-on, à Paris, pour un train de 548 voyageurs allant à Rouen ?
La distance à parcourir est de 128 kilomètres.
Le nombre des voyageurs de 1re classe 123
Et celui des voyageurs de 2e classe. 256

105. Les tarifs légaux pour les bestiaux sont :

Par tête et par kilomètre

Bœufs, vaches, taureaux, chevaux, mulets, bêtes de trait.	0^f,10
Veaux et porcs.	0,04
Moutons, brebis, agneaux, chèvres	0,02

Combien a-t-on reçu à Rouen, à la caisse du chemin de fer, pour un train de bestiaux allant à Paris, ce train contenant 98 bœufs, 176 veaux et 478 moutons ?

106. On évalue la consommation annuelle des œufs, en

France, à 9327168 œufs environ, sans compter ceux qui sont exportés ou conservés pour la reproduction.

La valeur de cette consommation s'élevant à 466358^f,40 à peu près, quel est le prix moyen de la douzaine?

107. Les mines du Brésil fournissent annuellement, en moyenne, 28346 karats de diamants (^{1}) bruts, c'est-à-dire 5740^{gr},0650.

Quel est, par rapport au gramme, le poids du karat?

108. 100 kilog. de foin produisent, dans l'engraissement d'un bœuf, 5^k,6 de viande environ.

Le prix des 100 kilog. de foin étant supposé 3^f,90; les soins, le logement, etc., pour la durée de la consommation de ces 100 kilog. de foin sont évalués 1^f,588 de revient. Quel doit être le prix moyen d'un kilog. de viande?

109. A Valence, en Espagne, on estime le revenu de 11 orangers à 17^f,82, et le revenu par hectare à 1799^f,82.

Combien compte-t-on d'orangers par hectare?

110. 1 kilog. de chocolat contient 24 tablettes, et 1 tablette suffit pour une tasse.

Pour faire 1 litre de café, on emploie 100 grammes de café et 100 grammes de sucre; une tasse est le $\frac{1}{3}$ du litre.

1 litre de thé (3 tasses) se fait avec 8 grammes de feuilles, et exige à peu près 100 grammes de sucre.

Calculer ce que coûte au consommateur une tasse de chocolat, de café et de thé.

Le kilogramme de chocolat étant estimé. . . . .   3^f,60
Le kilogramme de café . . . .   2 »
Le kilogramme de thé. . . . .   10 »
Et le kilogramme de sucre . . . .   1 ,50

111. La descente d'une montagne ou d'un escalier se fait ordinairement dans les 0,72 du temps employé à monter.

Une personne est descendue en 3^h 21^m 52^s,8 de l'hospice du mont Saint-Bernard.

---

(1) Presque tous les gros diamants viennent de l'Inde. Le mot *karat*, qui désigne le poids servant d'unité pour les diamants, est lui-même d'origine indienne; employé d'abord par les Arabes, il a été ensuite adopté par toute l'Europe. Les diamants bruts fournis par le Brésil ne fournissent que 850 karats environ de diamants taillés propres à la bijouterie.

L'ascension s'est faite en 7 minutes pour 53 mètres.
A quelle hauteur est situé cet hospice ?

112. L'exhaussement du terrain produit par le limon des eaux du Nil est environ de $0^m,132$ par siècle.
En combien de siècles sera-t-il de $3^m,168$?

113. La largeur du poitrail d'un cheval bien conformé est au moins les 0,27 de sa taille.
Quelle doit être la hauteur d'un cheval ayant $0^m,43956$ de largeur de poitrail ?

114. Dans la tonte des moutons d'une ferme, chaque mouton a fourni, en moyenne, $2^k,745$ de laine (1), qui ont été vendus $3^f,40$ le kilogramme.
Le produit de la vente s'élevant à $914^f,634$, combien y a-t-il eu de moutons tondus ?

115. Un cheval de carrosse au grand trot parcourt $1^m,349$ par seconde.
Combien de mètres parcourra-t-il en $3^h,5$, terme moyen de la marche au grand trot par jour ?

116. On estime la ration quotidienne d'un cheval pour 100 kil. du poids de l'animal à $2^k,058$ de foin, $0^k,514$ de paille et $0^k,678$ d'avoine.

Le foin étant estimé . . . . $7^f,10$ les 100 kilog.
La paille   —   5,50   —
Et l'avoine   —   14,80   —

Quelle est la dépense annuelle d'un cheval de 478 kilog. ?

117. La loi prescrit 3 titres légaux pour les ouvrages d'or et 2 pour les ouvrages d'argent, savoir :

Pour l'or { 1er titre. 0,920 ; 2e titre . 0,840 ; 3e titre . 0,750 } ‖ pour l'argent { 1er titre. 0,950 ; 2e titre . 0,800 }

Combien entre-t-il d'or dans un vase de 720 grammes : 1° au 1er titre ; 2° au 2e ; 3° au 3e ?

(1) Sous le point de vue des produits qu'elle en tire, l'industrie a classé les laines en deux grandes catégories : les laines courtes ou laines à cardes, et les laines longues ou laines à peignes.

Combien entre-t-il d'argent dans un vase de 546 grammes :
1° au 1er titre ; 2° au 2e ?

En supposant d'ailleurs que le bijoutier-joaillier ([1]) ait atteint le maximum de la tolérance qui est de 3 millièmes pour l'argent et de 5 millièmes pour l'or.

118. Les frais de blanchiment et d'apprêt des jaconas et des mousselines ([2]) sont payés à raison de 0f,75 par pièce de 11 mèt.

Un fabricant fait blanchir et apprêter 3 pièces ayant ensemble 11660 mètres.

La longueur de la première surpasse celle de la deuxième de 1177 mètres, et la longueur de la troisième est égale aux 0,8 de celle de la première, plus 147m,4.

Combien ce fabricant a-t-il payé pour chaque pièce ?

119. Dans une féculerie des environs de Paris, on consomme par jour de travail 200 hectolitres de pommes de terre estimées 3 francs les 100 kilog. ; et les dépenses diverses, — emmagasinage, soins dans les silos ([3]), main-d'œuvre, direction, combustible, etc., — s'élèvent à 179 francs.

On obtient comme produit 2210 kilog. de fécule et 4400 kilog. de pulpe pressée à 0f,75 les 100 kilog.

Le bénéfice étant de 82f,80, combien sont estimés les 100 kilog. de fécule ([4]) ?

L'hectolitre de pommes de terre pèse 65 kilog.

([1]) L'art du bijoutier-joaillier se divise en deux parties bien distinctes : l'art du bijoutier en fin et celui du bijoutier en faux.

([2]) On sait que la mousseline est le plus léger des tissus de coton. Son nom lui vient de Mossoul, ville de la Turquie d'Asie.

La mousseline se tirait autrefois de la Syrie, de la Perse et de l'Inde. Plusieurs villes d'Europe : Tarare et Saint-Quentin, en France; Saint-Gall, en Suisse; Glasgow, en Écosse, fabriquent aujourd'hui des mousselines qui égalent en beauté celles de l'Hindoustan.—Le jaconas est une espèce de mousseline d'un tissu très-serré.

(3) Les *silos* sont des cavités pratiquées dans la terre pour y conserver les grains, les racines, etc.

(4) On emploie la fécule à de nombreux usages. La plus blanche sert au collage des papiers fins, à la préparation des sirops blancs de glucose, aux apprêts, etc.; les qualités inférieures sont employées pour la fabrication des pâtes, comme le vermicelle, la sémoule, et la préparation des gruaux imitant le tapioca, le sagou, etc.

SYSTÈME MÉTRIQUE.

120. En France, le rapport de l'hectare est, en moyenne, de $13^{hect},5$ de céréales ([1]).

Quel est le produit annuel des $13900262^{h},01$ cultivés en France ?

121. 10 kilog. de foin produisent à peu près 500 grammes de viande chez le mouton et 1 kilog. de lait chez la vache.

1° Combien faudra-t-il donner de foin à un mouton pour que son poids augmente de $18^{k},372$?

2° Combien à une vache pour avoir $154^{k},815$ de lait ([2]) ?

122. Le fumier d'auberge pèse environ 660 kilog. le mètre cube et vaut $1^{f},30$ les 100 kilog.

Combien valent 178 mètres cubes 576 décimètres cubes de cet engrais ?

123. Le Rhône charrie en moyenne 1 mètre cube de limon par 2000 mètres cubes d'eau.

Quelle est la quantité de limon contenue dans 378 litres de l'eau du Rhône ?

124. On estime qu'un piéton, en marchant 8 heures 1/2 par jour, fait 125 pas par minute et parcourt $1^{m},67$ par seconde.

1° Combien fait-il de pas dans sa journée ?

2° Quelle est la grandeur moyenne de chaque pas ?

125. On estime à 100 kilog. le poids moyen des gerbes contenues dans 1 mètre cube, lors de la récolte du blé.

100 kilog. de gerbes donnent environ 30 kilog. de grains.

30 kilog. de grains représentent $30^{l},75$.

Combien y a-t-il d'hectolitres de grains dans 878 mètres cubes de gerbes de blé ?

---

(1) Les céréales comprennent : le froment, l'épeautre (espèce de blé dont le grain reste adhérent à la balle après la maturité), le seigle, l'orge, l'avoine, le maïs, le riz, le sarrasin.

(2) On évalue à 28 litres, en moyenne, la quantité de lait nécessaire pour faire 1 kilogramme de beurre. Une bonne vache donne environ 64 kilogrammes de beurre par an.

126. Un cheval consomme, par jour, en moyenne, 12ᵏ,5 de fourrage.

Le mètre cube de fourrage pèse à peu près 100 kilog.

Quelle doit être la capacité d'un grenier à fourrage destiné à contenir la nourriture annuelle de 23 chevaux ?

127. Dans le midi de la France, la régie exige que l'on ne plante que 10000 pieds de tabac (^{1}) par hectare.

A quelle distance sont les pieds les uns des autres ?

128. Un adulte enlève, par heure, à l'atmosphère 121 litres d'oxygène environ (^{2}).

Combien 12 personnes pourront-elles impunément rester d'heures dans une chambre d'une capacité de 104 mètres cubes 544 décimètres cubes ?

L'oxygène forme à peu près le 1/5 de l'air qui nous environne.

129. En 1860, la France a vendu à l'Angleterre 1076000 quintaux de beurre et de fromage.

En estimant le prix moyen du beurre et du fromage à 1ᶠ,90 le kilog., on trouve que le prix du beurre surpasse de 40660000 fr. celui du fromage.

Quel est le nombre de quintaux de beurre vendus à l'Angleterre ?

130. L'azote forme environ les 0,79 du volume de l'air.

______

(1) La culture du tabac est soumise en France à l'autorisation administrative. On cultive le tabac dans 6 départements : le Lot, le Lot-et-Garonne, l'Ille-et-Vilaine, le Bas-Rhin, le Nord et le Pas-de-Calais.

Ce fut J. Nicot, ambassadeur français en Portugal, qui introduisit le tabac en France où il fut mis à la mode surtout par la reine Catherine de Médicis.

En 1854, le monopole du tabac a produit au trésor plus de 100 millions.

On ne peut qu'applaudir à un impôt qui ne porte que sur un besoin factice, et ne pèse que sur des consommateurs volontaires. Chacun connaît les funestes effets d'un usage fréquent du tabac. Un long usage du tabac à priser détruit la finesse de l'odorat et affaiblit la mémoire. On a de nombreux exemples de vertige, de cécité et même de paralysie, occasionnés par le tabac à priser.

Le tabac à fumer présente aussi de graves inconvénients : il rend l'haleine fétide, noircit les dents, cause des douleurs de tête, et produit une sorte d'état d'hébétement chez ceux qui en abusent.

(2) On évalue à 655 centimètres cubes la quantité d'air qui entre dans la poitrine à chaque inspiration ou qui en sort à chaque expiration, et à 4,000 centimètres cubes environ la capacité des poumons chez l'homme. La respiration n'est plus possible quand l'air a perdu le 5ᵉ de sa proportion normale d'oxygène ; il est donc très-important de renouveler l'air dans les hôpitaux, les salles de spectacle, les prisons, les amphithéâtres, les ateliers, etc., au moyen d'un bon système de ventilation.

Combien y a-t-il de litres d'azote dans 348 mètres cubes 659 décimètres cubes d'air ?

131. Le produit de 51 ares de bois (¹) (1 arpent), destiné au chauffage, est de 16 stères 1/2 dans une forêt d'un sol médiocre, lorsque la coupe est de dix ans, et de 118 stères pour une coupe de 40 ans.

Quelle serait la production, d'après ce rapport, d'une forêt de 2148 hectares 76 ares 26 centiares ?

1° pour une coupe de 10 ans.

2° — — 40 ans.

132. Un mètre cube de plâtre de Montmartre cuit, en poudre, pèse 1000 kilogrammes, et 1000 grammes de ce plâtre exigent 670 grammes d'eau pour gâcher serré et 950 grammes pour gâcher clair.

Combien 378ʰ,45 de ce plâtre absorberont-ils de litres d'eau 1° pour avoir un gâchis serré; 2° pour avoir un gâchis clair ?

133. Un cheval consomme, en poids, autant de litière que de fourrage, et la quantité de fumier égale environ les $\frac{2}{3}$ des poids de litière et de fourrage réunis.

Un cheval consommant 12ᵏ,5 de fourrage par jour ;

1° Quelle sera la quantité de fumier produite annuellement par 24 chevaux ?

2° Quelle sera la valeur de ce fumier?

Les 100 kilog. de fumier étant estimés 1ᶠ,30.

134. Le fauchage d'un pré revient en moyenne à 6ᶠ,80 par hectare, et un bon faucheur peut abattre en une journée de travail le foin de 51 ares.

Le fauchage d'un pré a coûté 60ᶠ,69.

Quelle est l'étendue de ce pré et combien de journées ont été employées ?

135. On estime que les herbivores consomment à peu près 4ᵏ,5 de fourrage, par jour, pour 100 de leur poids.

25 bœufs, pesant en moyenne 400 kilog. chacun, ont complétement pâturé en un jour 750 mètres carrés d'un pré.

---

(1). Jusqu'à 30 ans, le bois porte le nom de taillis; au delà, il prend successivement ceux de demi-futaie, haute futaie et vieille futaie.

2.

Quel est en kilogrammes et par hectare le produit de la coupe à faire ?

136. La vitesse normale d'un cheval de labour est de 0ᵐ,67 par seconde.

Combien un cheval mettra-t-il de journées de 8 heures pour labourer 378 sillons de 804 mètres de long chacun ?

On compte $\frac{3}{4}$ de minute pour passer d'un sillon à un autre.

137. La quantité moyenne de viande (¹) nécessaire à l'alimentation quotidienne de chaque individu doit être de 158 grammes environ.

Or, en France, la consommation par individu et par an, ne s'élève en moyenne qu'à 28 kilog.

Combien manque-t-il de kilog. à la consommation totale de la viande en France pour que la ration complète soit atteinte ?

La population est d'environ 36029364 individus.

RAPPORTS — RÈGLES DE TROIS.

138. 100 kilog. de zinc (²) produisent, dans la pratique, 145 kilog. de blanc de zinc.

Combien faut-il de zinc pour obtenir 36 kilog. de blanc de zinc ?

139. Le cuivre blanc ou tombac, employé pour la fabrication des boutons, renferme 16 parties de cuivre pour 9 parties d'arsenic.

Combien entre-t-il de kilog. de cuivre dans 542 kilog. de tombac ?

140. On évalue à 43172306 kilog. environ la quantité de chiffons produits annuellement en France.

(1) On consomme en Angleterre beaucoup plus de produits animaux qu'en France. La consommation moyenne de la viande de boucherie y est évaluée à 82 kilog. par an ou 224 grammes par jour pour chaque individu.

(2) On trouve les minerais de zinc en Silésie, en Carinthie, en Angleterre ; mais les mines les plus abondantes sont celles de la Vieille-Montagne en Belgique et de Stolberg dans la Prusse rhénane. On ne possède en France que la mine de Clairac et de Robiac, près d'Uzès (Gard), et une autre près de Figeac (Lot).

On emploie le zinc, soit seul, à l'état laminé, pour faire des couvertures de toits, des tuyaux de conduite, des baignoires, soit allié au cuivre avec lequel il forme le laiton ou cuivre jaune.

Quelle en est la valeur ?

3000 kilog. étant estimés à peu près 180 francs.

141. 100 grains de blé à Paris pèsent à peu près $11^g,4$.
Combien y a-t-il de grains dans un hectolitre du poids de $78^k,5$?

142. 100 kilog. de paille équivalent à 11 kilog. de froment.
Quel est le prix de 378 kilog. de paille, lorsque l'hectolitre de blé, du poids de 79 kilog., se vend 24 francs ?

143. Un bœuf de 524 kilog. consomme, en fourrage, 4 p. 100 de son poids brut.
Quelle sera sa dépense annuelle, lorsque le foin vaudra $5^f,20$ les 100 kilog. ?

144. 4 kilog. de betteraves équivalent, comme nourriture, à 1 kilog. de foin.
Combien doivent se vendre 100 kilog. de betteraves lorsque le foin se vend $5^f,30$ les 100 kilog.

145. D'après des expériences comparatives, on a trouvé que la portion d'atmosphère ayant un mètre carré de base contient, en moyenne, 68 litres d'eau.
Combien doit en contenir la portion qui recouvre 3 hectares 25 ares 7 centiares ?

146. On emploie pour la fabrication des caractères d'imprimerie un alliage composé de 19 parties de plomb pour 6 d'antimoine.
Combien entre-t-il de kilog. de chacun de ces corps simples dans $754^k,316$ de cet alliage ?

147. Le métal connu sous le nom de métal d'Alger contient 3 parties d'étain et 1 d'antimoine.
Combien faut-il de kilog. d'antimoine dans cette composition pour s'allier avec $3225^k\frac{7}{9}$ d'étain ?

148. Le blanc de l'œuf contient environ 11,5 p. 100 d'albumine [1].

---

[1] L'albumine est une matière azotée qui entre dans la constitution du blanc de l'œuf et du *serum* du sang. On l'emploie industriellement pour le collage des vins et pour la clarification des sirops dans les raffineries.

Combien entre-t-il d'albumine dans 60^k,324 d'œufs ?

Le blanc forme les $\frac{3}{5}$ du poids de l'œuf.

149. L'eau forme 51,2 p. 100 du poids total d'un œuf frais. Un œuf pèse à peu près 60 grammes.

Combien faudra-t-il d'œufs frais pour contenir 1 litre d'eau ?

150. Dans la Limagne ([1]), 15 hectares 8 ares 23 centiares ont été achetés 131 894^f,7135.

Combien valent 26 hectares 7 ares 9 centiares de la même terre ?

151. 1 kilog. de lait de vache contient 864 grammes d'eau et 37 grammes de beurre.

Combien entre-t-il d'eau dans le lait nécessaire à la production de 1 kilog. de beurre ?

152. Le froment contient environ 16,8 p. 100 de matières azotées, et 1 kilog. de lait de vache en contient 43 grammes.

Combien faut-il de kilog. de lait de vache pour contenir autant de matières azotées que 3 hectolitres 5 décalitres 8 litres de froment ?

L'hectolitre de froment pesant 78^k,5.

153. On estime que 2340 kilog. de pommes produisent 1 000 kilog. de cidre.

Combien faut-il de kilog. de pommes pour faire 238 hectolitres 45 litres de cidre ?

1 hectolitre de cidre pèse 60 kilog. à peu près.

154. Un hectare de pommes de terre a rapporté 348 hectolitres 64 litres de tubercules du poids moyen de 63 kilog. l'hectolitre.

Combien retirera-t-on de kilog. de fécule de ces pommes de terre ?

5 kilog. de tubercules fournissent à peu près 972 grammes de fécule ([2]).

---

(1) Ancienne division de l'Auvergne, comprise aujourd'hui dans le département du Puy-de-Dôme. La Limagne est renommée pour sa fertilité.

(2) La fécule est le dépôt blanc et pulvérulent d'amidon qui se précipite au fond de l'eau lorsqu'on y lave la pomme de terre, le manioc, le sagou, etc., préalablement broyés.

La fécule extraite des pommes de terre est, en France, l'une de nos industries agricoles les plus importantes.

155. Un hectolitre de noix en coques pèse à peu près 67^k,5 et donne 30 kilog. d'amandes qui, bien épluchées, rendent 15^k,9 d'huile ([1]).

Quelle sera la valeur de l'huile fournie par la production d'un noyer qui a donné 3 hectolitres 1/2 de noix dépouillées de leur brou ?

L'huile étant estimée 0^f,90 le kilog.

156. Les blés demi-durs donnent environ 76 pour 100 de farine blanche, et 20 kilog. de farine donnent 27 kilog. de pain.

Combien 126 hectolitres de froment, pesant 78^k,5 l'hectolitre, fourniront-ils de kilog. de pain ?

157. 400 kilog. de gerbes produisent 84^k,5 de grains.

Combien les 80 gerbes, de 8^k,5 chacune, que bat un homme dans sa journée, produiront-elles d'hectolitres de grains ?

L'hectolitre pesant 78 kilog.

158. Les épis de 253 gerbes ordinaires occupent sur le plancher d'une grange 101 mètres carrés.

Combien placera-t-on de gerbes sur une étendue de 3187 mèt. carrés, 8 ?

159. Pour compenser les quantités de carbone et de substances azotées journellement brûlées et expulsées chez l'homme ([2]), il faut que les aliments pris en 24 heures contiennent 310 grammes de carbone, plus 200 grammes de substances azotées.

Quelle doit être la dose de viande nécessaire à la ration alimentaire de l'homme, lorsqu'il consomme un kilog. de pain qui fournit 70 grammes de substances azotées et 300 grammes de carbone ?

100 grammes de viande sans os contiennent 21 grammes de substances azotées et 11 grammes de carbone.

160. En associant, pour la ration alimentaire, les fèves et le riz,

---

([1]) L'huile de noix est la plus siccative des huiles. On l'emploie exclusivement pour la peinture à l'huile.

([2]) Le carbone qui entre dans la constitution de nos tissus est brûlé sous l'influence de l'oxygène introduit par la respiration, et rejeté sous forme d'acide carbonique. Nous perdons de l'azote par la respiration, la sécrétion urinaire et les diverses autres sécrétions.

Quelle serait la dose de riz à employer avec 350 grammes de fève?

100 grammes de fève contiennent 40 grammes de carbone et 29^{gr},25 de substances azotées,

Et 100 grammes de riz fournissent 7 grammes de substances azotées et 40 grammes de carbone.

161. La récolte du colza (¹), dans les bonnes années, est de 42 hectolitres environ par hectare.

Le colza d'hiver rendant 30 pour 100 d'huile, combien faudra-t-il d'hectares de colza pour obtenir 2856 kilog. d'huile.

L'hectolitre de colza pèse 68 kilog.

162. L'eau de mer contient à peu près 2,8 pour 100 de sel marin (chlorure de sodium).

La densité de l'eau de mer étant 1,025,

Combien 126 mètres cubes 276 décimètres cubes 842 centimètres cubes fourniront-ils de kilogrammes de sel?

DROITS PRÉLEVÉS. — INTÉRÊT. — ESCOMPTE. — FONDS PUBLICS.

163. Les postes prélèvent un droit de 2 pour cent sur les envois d'argent.

En 1859, ce droit a rapporté 1666000 francs.

Quelle somme a été envoyée?

164. Les receveurs des marchés de Paris ont relevé en 1857 :

Pour la vente du gibier et de la volaille....	17052013 fr.
— du beurre................	49551265
— des œufs...................	9524114
Pour la marée.........................	9469546
Pour les huîtres.......................	2062942
Pour les légumes et fruits, etc...........	2033370

Le droit perçu sur ces divers objets de consommation a rapporté 3634293 fr. à la caisse municipale.

Combien prélève-t-on sur 100 francs?

(1) Le colza est une plante oléagineuse cultivée pour l'huile qu'on tire de sa graine. L'huile de colza sert principalement à l'éclairage et à la préparation des cuirs et des laines. Le marc, connu sous le nom de tourteau, se donne aux bestiaux.

165. La prime de 2 p. 100, accordée aux débitants de timbres-poste sur le produit de la vente, s'est élevée en 1858 à 761893 fr. 30 cent.

Quel a été le produit de la vente?

166. La ville de Paris prélève un droit d'entrée de 6 fr. pour 100^k de glace à rafraîchir (¹).

En 1858, cette taxe a produit 394185 francs.

Combien de kilog. de glace sont entrés dans Paris?

167. Les droits supportés à Paris par la viande de boucherie se payent à raison de 0^f,02 par kilog. des bestiaux abattus.

En 1859, ces droits ont produit 1064830 francs.

Quel était le poids des animaux abattus?

168. On estime qu'une poule consomme par jour 0^l,2 de grains, en outre de la vaine pâture.

Le blé étant estimé 15 fr. l'hectolitre, et chaque poule, quand elle est bien soignée, pondant 243 jours dans l'année,

Quel est le bénéfice pour 100 fr. consacrés à cette industrie?

En supposant d'ailleurs que les œufs se vendent 0^f,55 la douzaine.

169. A Givors (Rhône), les bouteilles reviennent à 9 francs le 100 environ et se vendent 10 francs sur place.

Quel est le bénéfice sur 100 francs de vente?

170. Pour 100 francs de recette brute, le produit net est :

de 62^f,25	au chemin de fer du Nord.
de 55^f,40	— — de l'Est.
de 55^f,96	— — de l'Ouest.
de 55^f,10	— — d'Orléans.
de 58^f,23	— — Paris-Méditerranée.
de 40^f,33	— — du Midi.

Or, les recettes brutes annuelles de ces diverses lignes sont respectivement :

50291167 fr. — 47255156 fr. — 40008317 fr. — 64923062 fr. — 79457147 et 12155848 fr.

Calculer le produit net de chaque ligne.

(1) La France ne produit qu'une très-faible partie de la glace qu'elle consomme ; on est obligé d'en faire venir de la Norvége et de l'Amérique du Nord.

171. Les poissons du réservoir de Lucullus furent achetés, après la mort de cet épicurien fameux, une somme telle que l'intérêt à 4 pour 100, pendant 3 mois, suffirait à payer le pain nécessaire à la nourriture de 1109 familles de 5 personnes chacune.

Combien furent achetés ces poissons ?

Chaque famille consommant, en moyenne, 7 kilog. de pain par jour, et le kilogramme de pain étant estimé 0^f,20.

172. La rente d'un champ est estimée les 0,30 du produit de la récolte.

Quelle est la rente d'un champ qui rapporte 2568 kilog. de grains ?

L'hectolitre, pesant 78 kilog., est estimé 23^f,50.

173. 19 hectares de pré, rapportant annuellement 14896 kil. de foin par hectare, sont affermés 13700 francs.

Le foin étant estimé 5^f,15 les 100 kilog.,

A quel taux est placé l'argent ?

174. Dans une fabrique d'eau de Seltz on a dépensé, dans un jour,

50 kilog. d'acide sulfurique à 20 francs les 100 kilog. ;

50 kilog. de craie (carbonate de chaux) à 2 fr. les 100 kilog., et 1200 bouchons à 3 francs le 100.

Les 1200 bouteilles produites ont été vendues 0^f,10 la bouteille.

Quel est le bénéfice pour 100 francs ?

Les frais divers (transport, loyer, direction, main-d'œuvre, etc.) sont évalués à 30 francs, et les bouteilles cassées à 20 francs.

175. En plaçant à 4^f,05 pour 100, pendant 8 mois, les $\frac{4}{7}$ de la valeur annuelle du papier spécial que le gouvernement seul fournit aux fabricants de cartes à jouer, on obtiendrait 2,586^f,16 d'intérêt.

Quelle est la valeur de ce papier ?

176. Le droit sur les cartes à jouer (¹) est de 0^f,35 par jeu

_____

(1) L'invention des cartes à jouer remonte à la fin du xive siècle. Elles servirent d'abord à amuser la démence de Charles VI. Sous Charles VII, les figures reçurent les différents noms qu'elles portent aujourd'hui, noms empruntés à l'antiquité sacrée et profane et aux romans du moyen âge.

et produit à peu près annuellement à l'État une somme don
les $\frac{2}{7}$ placés à 5ᶠ,20 pendant 1 an 3 mois rapporteraient 22291ᶠ,62.

Combien fabrique-t-on de jeux de cartes, par an, en France ?

177. L'impôt établi sur le transport des voyageurs dans les voitures publiques et sur les chemins de fer est de 0ᶠ,1 du prix des places et produit environ 20024640 francs à l'État.

Pendant combien de temps faudrait-il placer la somme versée annuellement par les voyageurs aux voitures publiques et aux chemins de fer pour obtenir un intérêt égal aux $\frac{23}{72}$ de l'impôt ?

178. En plaçant pendant 6 mois à 5 pour cent le revenu annuel des chaises et bateaux du bois de Boulogne et celui des chaises des Champs-Élysées, on trouve, pour les intérêts réunis, 1 645ᶠ,875.

Or, à ce taux, l'intérêt annuel du revenu du bois surpasse de 470ᶠ,25 celui du revenu des Champs-Élysées.

Pendant combien de temps faudrait-t-il placer à 5 pour 100 chacun de ces deux revenus pour avoir le même intérêt ?

179. En estimant à 0ᶠ,15, en moyenne, le kilog. de groseilles ou de cerises,

On a calculé que le chemin de fer d'Orléans a expédié pour Paris, en juillet 1860, un nombre de kilogrammes de groseilles et de cerises dont le prix de vente, placé à $5\frac{1}{4}$ pour 100 pendant 30 jours, deviendrait, capital et intérêt compris, 92 827ᶠ,752375.

Quel a été le nombre de kilog. de groseilles et de cerises expédiées, en moyenne, par jour, pendant le mois de juillet ?

180. La dépense du pavé de Paris, ainsi que les frais de balayage et d'enlèvement des boues des chaussées empierrées, doivent être répartis chaque année par portions égales entre la ville et l'État.

Or, une moitié de la dépense, en 1857, placée à $4\frac{5}{7}$ pour 100 pendant 14 mois, donnerait, avec son intérêt, une somme de 1 933 063ᶠ,84.

A combien s'est élevée cette dépense ?

181. En janvier 1858, le plus haut cours du 3 pour 100 a été 70ᶠ,15, et, en janvier 1859, 72ᶠ,50.

En achetant de la rente 3 pour 100 à chacun de ces cours,
A quel taux place-t-on son argent?

182. Une personne fait acheter du 4 $\frac{1}{2}$ pour 100 au cours
de 92^f,40 et se trouve avoir 3 038 francs de rentes.
Quelle somme a été consacrée à cet achat, non compris le
droit d'agent de change et de timbre?

183. Un agent de change, après avoir déduit son droit et le
timbre d'une somme destinée à l'achat de rente 3 pour 100, dispose encore de 43 953 francs qui rapportent 1 932 francs de
rentes.
A quel cours était le 3 pour 100?

184. Est-il plus avantageux, comme placement, d'acheter
des obligations du chemin de fer d'Orléans à 272^f,50 rapportant
15 francs d'intérêt, ou des obligations de la même compagnie
à 985 rapportant 50 francs d'intérêt?

185. Quel est l'intérêt de 100 fr. lorsque le cours du 4 $\frac{1}{2}$
pour 100 est de 4^f,75 au-dessus du pair?

186. Un rentier a 5238 francs de rentes en 3 pour 100; il
les fait vendre pour acheter des coupures d'obligations foncières
4 pour 100.
Le cours du 3 pour 100 étant 68^f,05 et celui des coupures
98^f,75,
1° Quel sera l'intérêt produit par son capital dans ce nouveau
placement?
2° Combien l'agent de change aura-t-il prélevé dans ces 2 opérations, vente et achat, pour son droit et le timbre?

PARTAGES PROPORTIONNELS ET RÈGLES
DE SOCIÉTÉ.

187. La fabrication du chocolat (¹) s'élève actuellement en
France à 6 043 578 kilog. environ.

(1) L'amande du cacao présente dans sa composition 2 fois plus de matière
azotée que le froment et 25 fois plus environ de matière grasse. Le chocolat est
doué d'un éminent pouvoir nutritif.
Le cacaotier croît spontanément dans les forêts humides de l'Amérique méridio-
nale et du Mexique. On l'a introduit dans les Antilles, à Bourbon, etc.

Il entre à peu près 1,25 de sucre pour 1 de cacao.
1° Quelle quantité de sucre ?
2° Quelle quantité de cacao entre dans cette fabrication ?

188. Dans la cire à cacheter rouge de bonne qualité, les quantités de laque (1), de térébenthine de Venise, de baume du Pérou et de vermillon, sont respectivement entre elles comme les nombres

48, 12, 1 et 36.

Combien entre-t-il de chacune de ces substances dans 18 kilog. de cette cire à cacheter ?

189. La chaux hydraulique artificielle de Meudon se compose de chaux, de silice, d'alumine et d'oxyde de fer dans les rapports suivants :
Chaux 74,4; silice 16; alumine 8; oxyde de fer 1,6.
Calculer ce qui entre de chacune de ces substances dans 276 kilog. de cette chaux hydraulique.

190. Les récoltes maximum, moyenne et minimum d'une ferme, sont entre elles comme les nombres

1,5, 1 et 0,66.

La récolte moyenne d'une ferme de 198 hectares est de 4 950 hectolitres de blé.
Quelle est, par hectare, 1° la récolte maximum, 2° la récolte minimum de cette ferme ?

191. Dans une bonne verrerie à bouteilles près de Lyon, voici la composition employée pour le verre :
Sable du Rhône, 50; sulfate de soude, 4; carbonate de chaux, 5; charbon en poudre, 3.
Combien entre-t-il de chacune de ces substances dans 548 kilog. de ce verre ?

192. Les quantités de nourriture nécessaires à l'homme et à la femme sont entre elles comme

25 et 17.

(1) La laque est une sorte de résine ou de gomme qui exsude de plusieurs arbres de l'Inde, par suite de piqûres faites par les femelles d'un insecte hémiptère, le *coccus lacca*. C'est en coupant les branches et les tiges de ces arbres qu'on récolte la laque.

3 garçons de ferme et 2 servantes ont consommé pour 425ᶠ,1296
de froment en un an.

Le kilog. étant estimé 0ᶠ,20,

Quelle a été, par jour, la quantité de froment consommée par
chaque garçon de ferme et par chaque servante?

193. Dans la plante de froment, les quantités de grains, de
balle, de paille et de chaume sont entre elles comme les nombres

$$22,8 \quad 4 \quad 57,7 \quad et \quad 15,5.$$

1° Combien entre-t-il de kilog. de balle, de paille et de chaume
dans 25 476 kilog. de cette plante?

2° Combien, avec les grains contenus dans ces 25 476 kilog.,
pourra-t-on faire de pains de 2 kilog. ?

Le grain fournit en farine les 0,82 de son poids, et 115 kilog.
de pâte produisent 100 kilog. de pain.

On sait d'ailleurs qu'on ajoute, lors du pétrissage, 54 d'eau
pour 100 de farine.

194. Un marchand a vendu ensemble 31 482 kilog. de seigle
et de froment pour 8 694 francs.

Le froment coûte 21 francs et pèse 78ᵏ,5 l'hectolitre; le seigle
vaut 15 francs et pèse 48 kilog. l'hectolitre.

Combien y avait-il d'hectolitres de froment? Combien d'hectolitres de seigle?

195. Dans la composition du verre des glaces (1), le sable
très-blanc et le carbonate de soude sont entre eux comme 3 à 1.

Le carbonate de soude et la chaux éteinte à l'air comme 100
à 43.

Le carbonate de soude et le groisil (morceaux de verre divisés)
comme 1 à 3.

Déterminer les quantités de chacun de ces éléments renfermées
dans 2 346 kilog. de verre à glaces.

---

(1) Le verre à glace est à base de soude et de chaux. Il doit offrir une grande
transparence et une vitrification parfaitement homogène.

Les miroirs furent pendant longtemps l'objet d'un commerce important pour
Venise, la seule ville qui en fabriquât de purs. Nos glaces étaient sujettes aux
bulles et aux stries. Abraham Stewart imagina, en 1685, un procédé de coulage
qui fit disparaître ces défectuosités. Ce fut lui qui fonda en 1691 la célèbre manu-
facture de Saint-Gobain.

196. Dans la fabrication d'une des principales espèces de cristaux (¹), on emploie les dosages suivants :

Sable pur.. 3
Minium... 2
Carbonate de potasse purifié.............. 1
Groisil (morceaux de verre divisés)........ 3

Déterminer les poids qui constituent les dosages de 645 kilog. de cristal de cette espèce.

197. Le plâtre des environs de Paris est composé de sulfate de chaux, d'eau, de carbonate de chaux et d'argile dans les proportions suivantes :

L'eau est les $\dfrac{47}{176}$ du sulfate de chaux ;

Le carbonate de chaux les $\dfrac{19}{47}$ de l'eau ;

Et l'argile les $\dfrac{8}{19}$ du carbonate de chaux.

Quelles sont les quantités de sulfate de chaux, d'eau, de carbonate de chaux et d'argile contenues dans 278 kilog. de ce plâtre?

198. Le flint-glass (²), consacré à la fabrication des instruments d'optique, se compose de sable, de minium et de carbonate de potasse.

Le poids du minium étant les $\dfrac{2}{3}$ de celui du sable, et le poids du carbonate de potasse la moitié de celui du minium,

Quel est le nombre de kilog. de sable, de minium et de carbonate de potasse contenus dans 384 kilog. de flint-glass?

199. Trois héritiers ont vendu :

1° Une maison; { L'acheteur s'engage par 2 billets à payer les $\dfrac{2}{3}$ du prix d'achat dans 6 mois et le reste dans un an.

(1) Le nom de cristal s'applique exclusivement aux verres à base de potasse et de plomb. On l'emploie dans la confection des vases d'ornement, des lustres, des candélabres. Le cristal qui imite les pierres fines porte le nom de *strass*.

(2) Le flint-glass (mot anglais composé de *flint*, caillou, et *glass*, verre) est une variété de cristal. Sa principale qualité est l'absence de bulles et de stries.

2° Un champ de 7 hectares 8 ares 45 centiares à raison de 0ᶠ,45 le mètre carré. : Les $\frac{5}{8}$ du prix devront être payés 8 mois après le jour de la vente, et le reste 15 mois après ce même jour. L'acheteur a fait deux billets payables à ces deux époques.

Ces 3 héritiers ont fait escompter les quatre billets à 5 $\frac{1}{2}$ p. 100.

On demande quelle somme chaque héritier a dû recevoir.

L'héritage a été partagé entre eux proportionnellement aux nombres

$$\frac{7}{15} \qquad \frac{4}{9} \qquad et \qquad \frac{2}{3}$$

Et la valeur du champ est les $\frac{5}{9}$ de celle de la maison.

200. Dans une fabrique de sucre, 3 associés ont apporté :

Le premier........................ 120 000 fr.
Le deuxième...................... 80 000
Le troisième..................... 60 000

La première année, le bénéfice net s'est élevé à 39 000 francs. Quel a été le bénéfice de chaque associé?

201. Quatre spéculateurs ont placé en commun, dans le commerce des grains,

Le premier........................ 70 300 fr.
Le deuxième...................... 58 600
Le troisième..................... 42 300
Le quatrième..................... 40 500

Dans trois opérations successives ils achètent :

1° 4 724 hectolitres de froment à 20ᶠ,40 et les vendent avec un bénéfice de 8 pour 100;

2° 5 324 hectolitres d'avoine sur lesquels ils font un bénéfice de 0ᶠ,85 par hectolitre;

3° Enfin 3 572 hectolitres d'orge à 10ᶠ,35 l'hectolitre qu'ils vendent 11ᶠ,45.

Quel a été le bénéfice de chaque associé?

202. Dans l'exploitation d'une forge, 3 associés ont mis en commun 276 000 francs.

Après 5 années, il arrive que

Le premier a eu 28 000 francs de bénéfice.
Le deuxième — 24 000 —
et le troisième — 17 000 —

Quelle était la mise de chaque associé?

203. 3 personnes s'associent pour le commerce des métaux et placent dans l'entreprise :

Le premier.............................. 168 000 fr.
Le deuxième....................... 104 600
Le troisième 98 500

18 mois après ils avaient déjà réalisé un bénéfice de 48 320 fr.
Ils s'adjoignent alors un 4ᵉ associé qui apporte 78 800 francs.
5 ans 8 mois après l'arrivée de ce nouvel associé, la société liquide avec un bénéfice de 264 360 francs.
On demande :
1° La part de chacun des 3 fondateurs dans le bénéfice antérieur à l'arrivée du 4ᵉ associé;
2° Le bénéfice de chacun des 4 associés lors de la liquidation.

204. Deux associés qui avaient placé, le 1ᵉʳ 140 800 francs, le 2ᵉ 128 400 francs, dans l'établissement d'un magasin de cuivre, s'adjoignent, 8 mois après la fondation de l'entreprise, un bailleur de fonds avec une mise de 98 600 francs.
9 mois après l'entrée de ce 3ᵉ associé, ils admettent un 2ᵉ bailleur de fonds qui apporte 75 300 fr.
Après 6 ans 5 mois d'existence, il a été réalisé un bénéfice net de 103 640 francs, dont les 2 fondateurs ont eu les $\frac{3}{5}$, qu'ils ont partagés proportionnellement à leurs mises; et les 2 bailleurs de fonds se sont partagé le reste proportionnellement à leurs mises de fonds et aux temps pendant lesquels elles sont restées dans l'entreprise.
Quel a été le bénéfice de chacun?

205. Dans une grande fabrique de chocolat, après 4 années d'exploitation, 5 associés ont eu à se partager, en raison de leurs mises de fonds et de leurs services respectifs, un bénéfice de

85 840 francs, sur lequel il y a à déduire 2 francs p. 100, plus 3 400 de traitement annuel donnés au contre-maître chargé de la fabrication.

Or, les parts respectives ayant été proportionnelles aux nombres 9.., 6... $\frac{24}{5}$... $\frac{11}{3}$ et $\frac{8}{5}$,

Quelle a été la part de chaque associé?

206. Une maison de soieries en gros a été fondée par 4 associés, qui ont réalisé, au bout de 8 années, un bénéfice égal aux $\frac{11}{12}$ des 4 mises réunies.

Le bénéfice du 2ᵉ a été les $\frac{4}{5}$ de celui du 1ᵉʳ; celui du 3ᵉ a été les $\frac{7}{8}$ de celui du 2ᵉ, et celui du 4ᵉ, 141750 francs, était les $\frac{3}{4}$ de celui du 3ᵉ.

Les parts dans le bénéfice ayant été proportionnelles aux mises, on demande :

1° Le bénéfice des 3 premiers associés;
2° La mise de chacun.

RÈGLES DE MÉLANGES ET D'ALLIAGES.

PROBLÈMES QUI S'Y RATTACHENT.

207. Un marchand mélange ensemble des cafés de diverses qualités,

$$36^k \text{ à } 4^f,20 \text{ le kilogramme,}$$
$$45 \text{ à } 3,95 \quad —$$
$$28 \text{ à } 3,60 \quad —$$
$$\text{et } 52 \text{ à } 3,45 \quad —$$

Quel sera le prix du kilogramme de café résultant de ce mélange?

208. Un marchand a 43 pièces d'un vin qui lui revient à $0^f,75$ le litre.

1° Combien devra-t-il mettre de litres d'eau dans chaque pièce pour gagner $0^f,15$ par litre en vendant son vin au prix coûtant, c'est-à-dire $0^f,75$ le litre?

Quel sera son bénéfice total?

Chaque pièce contient 154 litres.

209. Combien ce marchand gagnerait-il par litre s'il' mettait 30 litres d'eau par pièce?

Il est bien entendu que l'eau est supposée ne rien coûter.

210. En mélangeant ensemble :

   142 hectolitres de froment à 27^f,40 l'hectolitre,
    98   —   25 ,75   —
et 138   —   24 ,30   —

Quel sera le prix de l'hectolitre du mélange?

211. Un marchand a 46^k de thé à 10^f,05 le kilog.; il les mélange avec 29^k à 8^f,85.

De combien a diminué le prix du kilogramme à 10^f,05 et augmenté celui du kilogramme à 8^f,85?

Qu'arriverait-il si le mélange se composait d'autant de kilogrammes de chaque qualité?

212. On a mélangé ensemble :

   78 hectolitres de froment à 23^f l'hectolitre ,
   45   —   seigle   13   —
et 37   —   d'orge   00   —

Le prix de l'hectolitre du mélange étant 19^f,0875,
Quel était le prix de l'orge mélangé (1)?

213. On a fait fondre ensemble :

   468^k de minerai de fer (2) contenant 85 p. 100 de fer,
   729   —   78   —
et 536   —   63   —

Combien a-t-on recueilli de kilogrammes de fer?

214. Un orfèvre fait fondre 4 lingots d'argent (3) :

(1) Ces sortes de mélange se nomment *méteils*.

(2) Le minerai de fer qu'on trouve en Suède et en Norvége est l'aimant (fer oxydé magnétique). Il contient 72 p. 100 de métal.

Le fer hydraté (fer en grains), minerai qui alimente la plupart des usines de la France, contient 55 p. 100 de fer.

(3) On extrait à peu près annuellement du sein de la terre 1 million de kilogrammes d'argent d'une valeur de 200 millions de francs environ. L'Amérique en fournit à elle seule les $\frac{2}{10}$. 1 kilogr. en lingot vaut 222 fr. 222.

3.

Le 1er au titre de 0,920,
Le 2e — 0,898,
Le 3e — 0,875,
Le 4e — 0,820.

Quel est le titre du lingot provenant de la fusion ?

215. On a trouvé une mine d'or (1) dont le minerai a un rendement de 69 p. 100.

Combien faut-il ajouter de kilogrammes de ce minerai à 678ᵏ d'un minerai contenant 48 p. 100 pour obtenir 618ᵏ,690 d'or pur ?

216. Combien doit-on prendre de kilogrammes de café à 4ᶠ et à 3ᶠ pour faire un mélange de 136 kilog. à 3ᶠ,60 le kilogramme ?

217. Dans quel rapport doit-on mélanger des vins à 1ᶠ,30 et à 0ᶠ,75 le litre pour obtenir du vin à 1ᶠ le litre ?

218. Combien entrera-t-il de kilogrammes de thé à 10ᶠ,20 et à 8ᶠ,45 dans un mélange de 86ᵏ à 9ᶠ le kilogramme ?

219. On a fait un mélange de 136 hectolitres de deux qualités de froment.

Il entre dans ce mélange 63 hectolitres de la 1re qualité et 73 de la 2e.

Le prix du mélange étant de 22ᶠ,45, quel est le prix de l'hectolitre de chacun des froments mélangés ?

220. Un marchand a 51 hectolitres de farine à 28ᶠ,30 l'hectolitre.

Combien devra-t-il y ajouter d'hectolitres de farine à 24ᶠ,45 pour que l'hectolitre du mélange vaille 25 francs ?

221. Un marchand a du vin à 1ᶠ,20 le litre.

Combien devra-t-il mettre d'eau dans son vin pour abaisser le prix du litre à 1 franc ?

222. Un orfévre a deux lingots d'argent :

Le 1er au titre de 0,890,
Le 2e — 0,780.

(1) La quantité d'or extraite annuellement est d'environ 33,000 kilogr. ayant une valeur de 113 millions de francs. L'Amérique en fournit seule pour 63 millions. 1 kilogramme en lingot vaut 3444 fr., 444.

Combien devra-t-il faire entrer de grammes de chacun de ces deux lingots dans un alliage de 682 grammes au titre de 0,820?

223. Dans quel rapport doivent être les poids des quantités de 2 lingots d'argent, l'un au titre de 0,820, l'autre au titre de 0,692, pour faire un alliage au titre de 0,748?

224. Combien doit-on allier de grammes d'un lingot d'or au titre de 0,790 avec 117 grammes d'un autre lingot d'or au titre de 0,865, pour obtenir un 3e lingot au titre de 0,800?

225. 2 minerais de cuivre (¹) de richesses différentes ont fourni, après la fusion en commun, 411^k,42 de cuivre pur.

Dans cette opération, il est entré 472^k du premier minerai et 386 du second.

Quelle était la richesse de chaque minerai?

226. Combien doit-on ajouter de kilogrammes d'un minerai de plomb contenant 58 p. 100 de métal à 624 kilog. d'un autre

____

(1) Le principal minerai de cuivre, le cuivre pyriteux, contient 35 p. 100 de cuivre, 30 de fer et 35 de soufre; le cuivre sulfuré, qu'on rencontre dans la Hesse et dans l'Oural, contient 80 p. 100 de cuivre.

Les principales mines de cuivre se trouvent :

1o Dans l'Europe : en Angleterre, en Suède, en Autriche, en Saxe, en Hongrie, en Transylvanie;

2o En Amérique : au Mexique, au Chili, au Brésil;

3o En Asie : dans la Perse, au Japon, en Chine.

Le peu de mines de cuivre que la France possédait ont été épuisées; mais celles d'Algérie, que l'on commence à exploiter, promettent d'abondants produits.

Le cuivre uni à d'autres métaux forme le *bronze*, le *laiton* ou cuivre jaune, le *similor*, le *maillechort* et plusieurs autres alliages utiles.

Le bronze, alliage de cuivre et d'étain, s'emploie pour la fabrication des canons, des cloches, des statues, des médailles, des cymbales, etc. Les proportions de l'alliage varient suivant l'usage auquel il est destiné.

Les plus beaux ouvrages modernes en bronze sont : l'ancienne statue équestre de Louis XIV sur la place des Victoires (1692); celle de Pierre le Grand à Saint-Pétersbourg (1767); la colonne de la place Vendôme (1806); celle dite de Juillet sur la place de la Bastille (1839); les portes de l'église de la Madeleine (1840); la statue colossale de la *Bavière*, à Munich (1850).

Le cuivre jaune ou laiton, composé, terme moyen, de 65 de cuivre et de 35 de zinc, sert à fabriquer une foule d'ustensiles de ménage, un grand nombre d'instruments de musique, les cordes de piano, les épingles, les boutons. Le *similor* ou chrysocal, qui sert surtout à la fabrication des faux bijoux, contient 90 de cuivre et 10 de zinc.

Le laiton se fabrique principalement à Liége, à Namur, et en France, à Laigle (Orne), à Imphy (Nièvre), à Rouen et à Romilly (Aube). La moitié au moins du cuivre jaune livré au commerce est employée à la confection du fil de laiton et des épingles.

minerai contenant 65 p. 100 de plomb pour obtenir 678 kilog. de plomb pur?

227. Un train de 67 voyageurs de 1re et de 2e classe a produit à la caisse d'un chemin de fer 994 francs.

Chaque voyageur de 1re classe ayant payé 15f,20 et chaque voyageur de 2e 12f,10, combien y avait-il de voyageurs de chaque classe?

228. On a reçu, dans un restaurant, 232f,50 pour 105 dîners, les uns à 2f,50 et les autres à 2 francs.

Combien y a-t-il eu de dîners à 2f,50? combien à 2 francs?

229. Un ouvrier gagne 8 francs par journée de travail et dépense 5 francs lorsqu'il ne travaille pas.

Or, il arrive qu'à la fin de l'année la recette des jours de travail surpasse de 970 francs la dépense des jours de chômage.

Combien cet ouvrier a-t-il travaillé de jours dans l'année?

230. Un père et son fils font entre eux les conventions suivantes :

Lorsque le fils aura un bon bulletin à la fin de la semaine, le père lui donnera 5 francs;

Mais le fils donnera 6 francs à son père lorsque le bulletin sera mauvais.

Après 23 semaines, le père doit 27 francs à son fils.

Combien y a-t-il eu de bonnes semaines?

231 Une personne a placé 63 420 francs en deux parties :

$$\text{L'une à . . . . } 4^f,75 \text{ p. } 100,$$
$$\text{Et l'autre à . . . . . } 5,20 \quad —$$

Les intérêts réunis de ces 2 placements s'élevant en 8 mois à 2059f,69,

Quelle est la somme placée à chacun des deux taux?

232. A la 1re coupe d'un pré, un faucheur abat le foin de 54 ares et gagne 3f,75 par jour; à la 2e et à la 3e, il abat le foin de 82 ares et gagne 4f,20.

Le fauchage d'un pré a coûté 228f,33 et a exigé 57 journées de travail.

Quelle est l'étendue de ce pré?

PROBLÈMES VARIÉS.

233. 1 mèt. de drainage ([1]) à 1ᵐ,20 de profondeur coûte pour ouverture de tranchées, pose de tuyaux et comblement, 0ᶠ,17.

Combien coûteront 750ᵐ,80 de drainage? Les tuyaux coûtent, transport compris, 20 francs le mille, et ces 1000 tuyaux suffisent pour drainer 300 mètres.

234. Chaque soldat ([2]) reçoit, par jour, 750 grammes de pain de munition, plus 250 grammes de pain blanc pour la soupe.

Or, 115 kilog. de pâte produisent environ 100 kilog. de pain, et l'on ajoute, en moyenne, 54 kilog. d'eau pour 100 kilog. de farine lors du pétrissage;

Combien faut-il de kilog. de farine pour nourrir une armée de 342 650 hommes pendant 78 jours?

235. On a semé dans un champ de 7 hectares 7 800 000 grains de blé.

100 grains de blé pesant 9 grammes, et 1 hectolitre 78 kilog.,
Combien sème-t-on d'hectolitres de grains par hectare?

236. Dans les grandes bergeries du Midi, on vend les crottins 1ᶠ,80, en moyenne, l'hectolitre de 70 kilog.

Combien valent 378ᵏ,46 de cet engrais?

237. On estime la récolte moyenne des carottes à 182 quintaux métriques par hectare.

En évaluant à 2ᶠ,25 les 100 kilog. de carottes, quelle somme rapportera un hectare?

---

(1) De l'anglais *to drain*, épuiser, sécher : desséchement d'un sol humide au moyen de tuyaux en terre cuite. Les tuyaux, de 3 à 4 décimètres de longueur sur 4 centimètres de diamètre, sont juxtaposés de manière à permettre à l'eau de s'introduire dans l'intérieur des tuyaux et d'y prendre son cours jusqu'à la décharge qui lui est réservée.

(2) En Hollande, en Prusse, en Autriche, en Russie, la farine de seigle, seule ou mélangée avec de la farine brute de froment, est employée à la confection du pain donné aux troupes.

En France, la farine de froment est exclusivement employée après qu'on a extrait 20 kilogrammes de son sur 100 kilogrammes de farine brute. Dans ces conditions, le pain retient de 3 à 5 p. 100 d'eau de plus que le pain blanc ordinaire et se maintient plus longtemps frais.

238. 100 kilog. de navets équivalent à $3^k,12$ de froment.

Quel doit être le prix de 100 kilog. de navets lorsque l'hectolitre de froment de 78 kilog. vaut 18 francs?

239. Les minerais de fer que l'on traite dans les forges catalanes (¹) de l'Ariége contiennent environ 45 p. 100 de fer métallique.

Combien $48^q,72$ de ce minerai donneront-ils de kilog. de fer?

240. Dans la construction du chemin de fer de Dijon à Châlons, le prix des terrassements a été de $3\,794\,329^f,28$.

Quelle a été la dépense par mètre cube de terrassements?

La distance de Dijon à Châlons étant de 68 kilomètres et le nombre de mètres cubes de terrassements de 37 702 par kilomèt.

241. Dans les travaux de terrassements du chemin de fer d'Orléans à Tours, dont la distance est de 115 kilomèt., on a employé par jour, pour le transport des terres, des pierres, etc., 36 rouleurs à la brouette, 12 tombereaux à 1 cheval et 9 à 2 chevaux.

Combien a-t-il fallu de jours pour transporter la terre nécessaire aux 27 130 mètr. de terrassements par kilomètre?

1 brouette porte environ 4 centièmes de mètre cube de terre par chargement;

1 tombereau à 1 cheval 37 centièmes de mètre cube, et 1 tombereau à 2 chevaux 80 centièmes de mètre cube.

On sait d'ailleurs qu'un rouleur à la brouette fait 275 chargements par jour environ, et que 1 tombereau à 1 ou à 2 chevaux en fait 54.

242. Dans les diverses opérations nécessaires à leur blanchiment, les tissus de coton (²) perdent environ 16 p. 100 de leur poids.

---

(1) On exploite le minerai de fer par la méthode catalane et par les hauts-fourneaux. La méthode catalane est appliquée aux minerais très-riches que l'on traite par le bois.

(2) Le coton nous vient surtout des États-Unis d'Amérique (Géorgie, Louisiane, Caroline du Nord et du Sud, etc.); il en vient aussi de l'Hindoustan, de la Réunion, de l'Égypte, de Cayenne. On exporte le coton en énormes balles qui peuvent contenir 250 à 300 kil. environ. On estime actuellement la production générale du coton à 350 millions de kilog., et cette production s'accroît chaque année. Les différents tissus de coton sont désignés par les noms de *mousseline, percale, jaconas, calicot, madapolam, madras, nankin, guingamp,* etc.

Combien 34568 kilog. de coton sortant du métier pèseront-ils après le blanchiment?

243. Dans les travaux publics, le rouleur à la brouette porte à peu près 50 kilog. à 34 mèt., et fait 2400 mèt. à l'heure, soit à l'aller, soit au retour.

Combien faudra-t-il de journées de 9 heures à 2 ouvriers pour transporter 810000 kilog. de pierres à 68 mèt.?

244. Calculer le prix de revient d'une heure d'éclairage, lorsqu'on emploie : 1° de la bougie; 2° de la chandelle; 3° de l'huile de colza épurée; 4° du gaz.

Pour 1 heure d'éclairage, on use :	1° avec des bougies stéariques (^{1}).	63^{gr} à 3^{f},00 le kilog.	
	2° avec des chandelles, dont la lumière est extrêmement variable.	80	0,80 —
	3° avec de l'huile de colza épurée.	42	1,40 —
	4° avec du gaz de houille, becs usuels.	50	0 30 le m. cub.,

245. La distillation de 100 kilog. de térébenthine (^{2}) fournit à peu près les $\frac{3}{25}$ d'essence, et à peu près 87 de colophane.

Dans une distillation de térébenthine, on a obtenu 41^k,76 de colophane.

Combien la térébenthine distillée a-t-elle fourni d'essence?

246. Dans un salon de 368 mètr. cubes 648 décimètr. cubes 668 centimètres cubes, où se trouvent réunies 15 personnes, brûlent 8 bougies et 2 lampes;

(1) Le nom de *stéarique* donné aux bougies vient de ce qu'elles sont faites d'un corps gras, *l'acide stéarique*, qu'on extrait du suif. Ce corps qui est solide leur donne plus de consistance et les empêche de couler comme la chandelle. On sait que les anciennes bougies étaient en cire.

(2) La térébenthine est un suc résineux qui découle de plusieurs végétaux, surtout des pins, des sapins, des mélèzes et des cyprès. Lorsque ces arbres ont de 30 à 40 ans, on pratique des incisions le long du tronc; la térébenthine est reçue dans un trou fait au pied de chaque arbre : c'est la térébenthine vierge. On fait fondre cette térébenthine brute dans de grandes chaudières, et on la passe dans des filtres en paille. C'est de la térébenthine qu'on tire le goudron, la poix noire, etc.

Chaque personne absorbe, par heure,   1 mètre cube d'air,
Chaque bougie   —   322 déc. cubes,
Chaque lampe   —   1 mètre 266   —

L'air, à l'état normal, contenant 21 litres d'oxygène par mètre cube, après combien d'heures la quantité d'oxygène de ce salon aura-t-elle diminué de 630 litres 804?

247. Une lampe et une bougie placées à 3^m,078 l'une de l'autre ont des pouvoirs éclairants qui sont entre eux comme 7 est à 50.

A quelle distance de la lampe, sur la droite qui unit les 2 lumières, sera situé le point également éclairé?

248. Combien 3 ouvriers mettront-ils de jours pour bêcher 1 hectare 68 centiares 5 de terre?

Le 1er, travaillant pour son compte, bêche 300$^{m.q}$·00 par jour.
Le 2e, employé à la tâche, bêche . . . . . . 282$^{m.q}$·00   —
Le 3e,   —   à la journée — . . . . . . 192$^{m.q}$·05   —

249. 100 kilog. de houille de Mons produisent 22$^{m.c}$·5 de gaz d'éclairage.

Les 100 kilog. de houille étant estimés 2^{fr}·50, à combien revient le mètre cube de gaz?

Le résidu de la distillation se compose d'ailleurs :

De 55^k de coke évalués. . . . . . 3 fr. les 100 kilog.
De   6^{k}73 de goudron, évalués . . . 5 fr. les 100 kilog.
Et de 7^{lit}·31 d'eaux ammoniacales estimées 0^{fr} 50 les 100 litres.

D'un autre côté, les frais d'administration, de main-d'œuvre, etc., reviennent à 0^{fr}·09 par mètre cube.

250. Le poids du coton employé aux mèches dans la fabrication des chandelles est de 1 p. 100, et celui du papier épais des enveloppes, qui concourt au bénéfice du fabricant, est les 0,04 du poids total.

Combien entre-t-il de suif dans 124 livres de chandelles?

251. On désigne sous le nom de *suifs en branche* les tissus graisseux extraits des bœufs, vaches, moutons, dépecés aux abattoirs publics.

Ces suifs en branche fournissent à peu près 84 p. 100 de suif.

Combien faut-il de kilog. de suif en branche pour donner 152 kilog. de suif?

252. Pour introduire dans un ballon 500 mètres cubes de gaz hydrogène, on distribue dans les tonneaux 1500 kilog. de ferraille le moins oxydée possible, 15 000 kilog. d'eau et 2 500 kilog. d'acide sulfurique.

Combien emploiera-t-on de ferraille, d'eau et d'acide, pour introduire dans un ballon $12^k,5$ de gaz hydrogène ?

1 litre de ce gaz pèse $0^{gr},1$.

253. On compte, par hectare, environ 250 touffes de groseillers, qui rapportent chacune à peu près 20 kilog. de groseilles, estimées 30 francs les 100 kilog.

Le rapport net de l'hectare étant évalué à 1 250 francs,

Quels sont les frais de cueillette pour 100 kilog. de groseilles ?

254. On récolte, en moyenne, 15 hectolitres de lentilles par hectare, et l'hectolitre pèse 84 kilog.

Quelle sera la valeur de la récolte d'un champ de 26 hectares ?

100 kilog. de lentilles valent autant que 145 kilog. de blé, et l'hectolitre de blé du poids de 78 kilog. coûte 20 francs.

255. La caméline (¹) donne, en moyenne, 28 p. 100 d'huile, et l'hectare produit environ 16 hectolitres de graines.

On demande le prix de 100 kilog. d'huile de cette plante.

Le poids de l'hectolitre est de 69 kilog. et le prix de $20^f,50$.

256. La graine de navette (²) donne les 0,26 de son poids d'huile.

Combien faut-il de kilogrammes de ces graines pour fournir autant d'huile que 378 kilog. de graines de colza d'hiver ?

Le colza d'hiver rend 30 p. 100 d'huile.

257. Sur l'ensemble des tissus de coton exportés de l'Angleterre, en 1856, les $\frac{2}{3}$ étaien blancs et écrus, et le reste, 61 333 333 kilog. $\frac{1}{3}$, imprimé et teint.

A combien de kilogrammes s'est élevée l'exportation des tissus de coton, en Angleterre, pendant l'année 1856 ?

---

(1) Plante de la famille des crucifères. L'espèce cultivée en grand pour ses graines fournit une huile siccative, bonne pour la peinture.

(2) Variété de chou-navet. Sa graine fournit une huile propre à l'éclairage, à la préparation des laines et à la fabrication du savon noir; on s'en sert aussi pour la nourriture des pigeons et de la volaille de basse-cour.

258. 1 kilog. de houille en brûlant échauffe de 0 à 100° un poids d'eau de 75 kilog.;

1 kilog. de bois n'échauffe que 36 kilog. d'eau de 0 à 100°,

Et 1 kilog. d'hydrogène en échauffe 347k,42.

Le propriétaire d'un établissement de bains a consommé, pour faire chauffer une masse d'eau de 0 à 100°, 469k,275 de bois.

1° Combien aurait-il fallu de charbon de terre; combien d'hydrogène, pour obtenir la même quantité de chaleur?

2° Calculer la dépense dans les trois cas.

Le bois est estimé . . . . 2f,50 les 100 kilog.

Le charbon. . . . . 3f,00 —

Et le gaz hydrogène . . . . 0f,30 le mètre cube.

Le mètre cube d'hydrogène pèse à peu près 500 grammes.

259. Combien faudrait-il de kilogrammes de bois, de houille ou d'hydrogène pour chauffer la même quantité d'eau de 8° à 72°?

260. 130 kilog. de peinture à la céruse ne couvrent pas plus de surface que 100 kilog. au blanc de zinc.

Or, dans 130 kilog. de peinture à la céruse, il entre 100 kilog. de céruse, estimés 72 francs, et 30 kilog. d'huile à 140 francs les 100 kilog.

Dans 160 kil. de peinture au blanc de zinc il entre 100 kil. de blanc de zinc estimés 72 fr., et 60 fr. d'huile à 140 fr. les 100 kilog.

Y a-t-il économie à employer la peinture au blanc de zinc à la place de la peinture à la céruse?

261. Dans le département de Vaucluse, on sème, en moyenne, par hectare, 75 kilog. de graines de garance (1), qui produisent à peu près 5 412 kilog. de racines.

La graine se vendant 1f,30 le kilog. et la racine 0f,50,

Quel est le bénéfice brut pour 100 francs de graine?

262. Le prix des cotons napolitains est les $\frac{6}{11}$ de celui des cotons de la Guyane.

____

(1) C'est de la racine de cette plante qu'on extrait la substance qui fournit la plupart des nuances rouges employées dans la teinture des étoffes. La culture de la garance ne date en France que du xviiie siècle. On en doit l'introduction à un Persan fugitif, Jean Althen; il a doté ainsi notre pays d'un produit qui rapporte aujourd'hui 25 millions environ.

Combien 324 kilog. de cotons de la Guyane vaudront-ils lorsque les cotons napolitains seront à 1f,20 le kilog.?

263. Lorsqu'on broie le lin (¹), le poids de la filasse obtenue est ordinairement les $\frac{4}{25}$ de celui des tiges broyées.

Dans le département du Nord le prix de la filasse, fournie par hectare, est environ de 1272 francs.

La filasse étant estimée 130 francs les 100 kilog., quel est le poids des tiges, par hectare?

264. En France, la consommation individuelle de coton est égale à celle de la filasse de chanvre, et la consommation de filasse de lin n'est que la moitié de cette dernière.

La consommation totale du coton, de la filasse de chanvre et de la filasse de lin, en France, étant de 180 446 820 kilog., quelle est la consommation individuelle de coton, de filasse de chanvre et de filasse de lin?

On sait d'ailleurs que la population de la France est de 36 029 364 habitants.

265. L'industrie anglaise absorbe environ 5,4 fois autant de coton (²) que l'industrie française.

Or, en ajoutant le prix de vente du coton filé annuellement en Angleterre et celui de la façon, on obtient une somme de 1 135 368 600 francs. — Le prix du coton filé étant de 2f,30 en moyenne le kilogramme, et celui de la main d'œuvre 0f,70,

1° Quelle est la valeur du coton manufacturé annuellement, en France, le kilog. de filé étant estimé 3f,70?

(1) Avant d'obtenir le fil, on fait subir trois opérations au chanvre et au lin : le rouissage, le broyage et le teillage. Le rouissage consiste à laisser séjourner les tiges dans l'eau; le broyage a pour but d'écraser les tiges; enfin le teillage sépare les fibres de l'écorce.

(2) L'Angleterre a consommé, en 1856, 400 millions de coton, lesquels ont produit à la filature 361 millions de kilog. de filés.

Cette quantité de coton a été *mise en œuvre* par 2,210 établissements manufacturiers (filature et tissage) employant 28,010,217 broches et 379,213 ouvriers dont 233,017 occupés à la filature et 146,196 au tissage.

Sur les 361 millions de kilog. de filés, 85 millions étaient exportés. Il restait donc pour la consommation des fabriques 276 millions de filés, et par conséquent 276 millions de kilog. de tissus.

De ces 276 millions de tissus, 184 millions étaient exportés : les $\frac{2}{3}$ blancs et $\frac{1}{3}$ imprimé et teint.

La valeur des tissus et des fils exportés s'est élevée à 957 millions de francs : 201 pour les filés et 756 pour les tissus.

2° Quel est le prix de la main d'œuvre?

On compte environ 5^f,50 de façon par $\frac{1}{2}$ kilog.

266. Un marchand achète à Givors pour 453^f,60 de bouteilles.

S'il les avait payées 11 francs le 100, il aurait déboursé 45^f,36 de plus qu'il n'a donné.

1° Combien ce marchand a-t-il acheté de bouteilles?
2° Combien le 100?

267. On estime à 40 000 mètres cubes environ la quantité de bois équarri nécessaire à l'entretien de notre flotte (1).

Or, le domaine forestier de l'État fournit à peu près le $\frac{1}{4}$ de cette quantité, et 1 hectare de futaie produit en moyenne 5 mètres cubes de bois en *grume* (2) qui ne fournissent que la moitié de bois équarri.

On demande l'étendue du domaine forestier de l'État.

268. Les quantités de bois nécessaires pour les différents types de bâtiments sont évaluées, en moyenne, ainsi qu'il suit :

6132 mètres cubes pour 1 vaisseau de 120 canons.
2752   —   —   1 frégate de 60   —
1336   —   —   1 corvette de 30   —
600   —   —   1 bâtiment inférieur.

En appliquant ces chiffres à notre flotte, on trouve qu'il entre 644 080 mètres cubes de bois dans la construction de notre flotte, répartis proportionnellement aux nombres :

Bâtiments à voiles.
3066 correspondant au nombre de vaisseaux de 120 canons.
1720   —   —   frégates de 60   —
668   —   —   corvettes de 30   —
750   —   —   bâtiments inférieurs.

Bâtiments à vapeur.
344   —   —   frégates.
1503   —   —   corvettes.

(1) C'est à peu près le 20e de la quantité de bois qui entre dans la construction de notre flotte. On évalue à un mètre cube par tonneau la quantité de bois nécessaire à la construction d'un navire. La durée moyenne d'un bâtiment est de 20 ans.
(2) C'est-à-dire de bois rond.
L'entretien annuel de nos navires marchands exige 60,000 mètres cubes de chêne. En 1858, la marine marchande de France se composait de 15,187 navires représentant un tonnage total de 1,049,844 tonneaux.

Calculer le nombre des vaisseaux de 120 canons, des frégates, des corvettes, etc., qui composent notre flotte.

269. D'après le tarif légal de nos chemins de fer, on paie :
Pour les bœufs, par tête et par kilomètre. . . . . $0^f,10$
Pour les veaux,   —   —   —   . . . . . $0^f,04$
Pour les moutons,   —   —   —   . . . . . $0^f,02$

On a reçu à Rouen, à la caisse du chemin de fer, $3763^f,20$ pour un train de bestiaux allant à Paris.

Combien y avait-il de bœufs, de veaux et de moutons ?

La somme versée pour les veaux est les $\frac{5}{4}$ de celle qu'on

a payée pour les bœufs, et les $\frac{2}{3}$ du prix de transport des

moutons.

On sait d'ailleurs que la distance de Rouen à Paris est de 128 kilomètres.

270. Trouver un nombre dont les $\frac{2}{3}$, le $\frac{1}{5}$ et les $\frac{3}{7}$ fassent

ensemble 69 224.

271. Un voyageur marchant 8 heures par jour a mis 25 jours pour faire 935 kilom.

S'il marchait 11 heures par jour, avec la même vitesse, combien emploierait-il de jours pour faire $1954^k,150$.

272. La surface des forêts de la France, en 1851, était ainsi répartie :

Appartenant à des particuliers. . . . . .   Les $\frac{3}{4}$ de la surface totale moins 886 000 hectares.

Aux communes et plantations publiques.   Les $\frac{3}{20}$ de la surface totale plus 546 000 hectares.

Composant les forêts de l'État . . . .   1 226 000 hectares.

Calculer cette surface.

273. Une personne possède 78 324 francs. Elle en place une partie à $4^f,50$ p. 100 et l'autre à $4^f,75$. De cette manière elle se trouve avoir un revenu annuel de $3606^f,29$.

Quelle portion de son capital est placée à chacun de ces deux taux ?

274. L'air est composé d'oxygène et d'azote dans le rapport en volume des nombres 20, 81 et 79,19.

La densité de l'oxygène étant 1,1057 et celle de l'azote 0,9713,

Combien entre-t-il de kilogrammes de chacun de ces gaz dans 178 mètres cubes 324 décimètres cubes d'air ?

L'air pèse environ 770 fois moins que l'eau.

275. Le pouvoir calorifique moyen du bois, simplement desséché à l'air, est de 2 846, et celui des houilles sèches à longue flamme de 6 230.

Combien devra-t-on employer de kilogrammes de chacun de ces combustibles pour avoir un pouvoir calorifique de 3 692 ?

276. En plaçant pendant trois mois une partie de 48 540 fr. à 4^f,60 p. 100 et l'autre à 5^f,10, on trouve pour les intérêts réunis 763^f,87.

Combien a-t-on placé à 4^f,60 ?

Combien à 5^f,10 ?

277. 1 kilogramme de houille en brûlant échauffe de 0 à 100° un poids d'eau de 75 kilog. lorsque tout le calorique de la combustion est utilisé, et 1 kilog. de coke n'élève de 0 à 100° qu'un poids d'eau de 60 kilog.

On a employé ensemble 394 kilog. de houille et de coke pour échauffer de 0 à 60° 46 mètres cubes 100 décimètres cubes d'eau.

Combien a-t-on consommé de kilogrammes de chacun de ces combustibles ?

278. Un rentier a un capital de 42 600 francs. Il en place une partie à 5 p. 100 et l'autre à 4 p. 100.

Il se trouve avoir ainsi un revenu annuel de 2 088 francs.

Quelle partie de son capital est placée à 5 p. 100 ? — Quelle partie à 4 ?

279. Un négociant fait escompter deux billets payables tous les deux dans 4 mois.

Les deux escomptes réunis s'élèvent à 939^f,50, et le rapport des deux taux d'escomptes est $\frac{4}{5}$.

Quel est le taux d'escompte de chacun de ces billets ?
L'un est de 32 520 francs, et l'autre de 30 354 francs.

280. Le taux des tarifs appliqués pour les voyageurs sur la majeure partie des chemins de fer français est de $0^f,10$ par kilom. pour la 1re classe, et de $0^f,075$ pour la 2e classe.

Un train de 380 voyageurs allant de Paris à Orléans a versé $2305^f,05$ à la caisse du chemin de fer.

La distance à parcourir étant de 121 kilom.,

Combien y avait-il de voyageurs de 1re classe ?

Combien de 2e ?

281. A l'âge de 10 ans environ, les cerisiers ont atteint le maximum de production.

A cet âge, si chaque cerisier rapportait en plus de ce qu'il rapporte les $\frac{3}{8}$ de sa production moyenne, le produit par hectare augmenterait de $250^f,20$.

Combien chaque cerisier rapporte-t-il, en moyenne, de kilogrammes de cerises, et quel est le nombre de cerisiers plantés par hectare ? Le kilogramme de cerises étant estimé $0^f,15$, en moyenne.

282. Si la production moyenne des oliviers à Tarascon diminuait de ses $\frac{2}{3}$, la quantité d'huile fournie par 1 hectare d'oliviers diminuerait de 276 kilog.

Quelle est, en kilogrammes, la production d'huile et d'olives par hectare ?

13 kilog. d'olives donnent à peu près 3 kilog. d'huile.

283. Une personne possède 29 326 francs qu'elle a placés partie à $4^f,80$ et partie à $5^f,20$ p. 100.

La portion placée à $5^f,20$ rapportant autant en 4 mois que la portion placée à $4^f,80$ rapporte en 6 mois,

On demande à combien s'élève chacun de ces 2 placements.

284. On admet par kilomètre de chemin de fer, en y comprenant les changements de voies, les stations, les gares, etc., un nombre de traverses tel, que si l'on payait chaque traverse $0^f,15$ de plus qu'elle ne coûte, on débourserait 179 550 francs, et si l'on payait au contraire chaque traverse $0^f,10$ de moins, on n'aurait à débourser que 172 800 francs.

Combien compte-t-on de traverses par kilomètre, et quel est le prix d'une traverse?

285. En France, la consommation annuelle des céréales est de 172 litres ([1]) environ par habitant.

Or les quantités employées 1° à l'alimentation publique, 2° à la nourriture des animaux, 3° aux semailles, 4° à la fabrication des boissons, sont entre elles respectivement comme les nombres 60, 19, 16 et 2.

La population de la France est de 36 029 364 habitants.

Quelles sont, en hectolitres, les quantités de céréales qu'exigent annuellement l'alimentation publique, la nourriture des animaux, les semailles et les boissons ?

286. Sur des mûriers bien taillés, une ouvrière cueille 330 kilog. de feuilles par jour, et sur des arbres négligés 105 kilog. seulement.

En 18 journées, une ouvrière a cueilli pour 337^f,05 de feuilles. — Les 100 kilog. estimés 7 francs.

Combien a-t-elle employé de journées sur des arbres bien taillés? — Combien sur des arbres négligés?

287. Une personne place 51 660 francs à 4 francs $\frac{2}{3}$ p. 100 ; 32543 fr. à 5 $\frac{1}{7}$ p. 100., et 28512 à 4 $\frac{8}{9}$ p. 100.

Combien faudra-t-il de temps à ces trois sommes pour rapporter ensemble 4 565^f,30 d'intérêt?

288. En 1856, il a été exporté du port de Guayaquil pour 6 778 564 fr. de cacao et de chapeaux de paille dits Panama.

La valeur de l'exportation des chapeaux étant les $\frac{3}{4}$ de celle du cacao moins 113 363 francs,

Quelle est la valeur de chacune de ces exportations, et quelle est, à moins de 0^f,001 près, le prix du kilogramme de cacao exporté,

Le nombre de kilogrammes exportés étant de 6 107 271^k,880 ?

(1) Sous Louis XIV cette consommation n'était que de 100 litres à peu près; de plus, la France, avec la même superficie qu'aujourd'hui, ne renfermait guère que 20 millions d'habitants.

289. On peut obtenir de l'encre usuelle de bonne qualité en employant les doses suivantes :

Noix de galle (¹) concassée en menus fragments.. . . 2ᵏ,00
Sulfate de fer (couperose verte). 1ᵏ,00
Bois de campêche (²) divisé. 0ᵏ,45
Gomme arabique (³) 1ᵏ,15
Eau de rivière filtrée , ... 22 litres.

Combien emploiera-t-on de chacune de ces substances pour obtenir 1 litre d'encre en supposant que l'encre ait la même densité que l'eau ?

290. Un capital a été placé, pendant 15 mois, en deux fois successives au même taux, 4ᶠ,20.

La première fois, l'intérêt a été de 740ᶠ,847,
Et la seconde fois de 493ᶠ,878.
Quel est ce capital ?

291. Une personne fait 3 placements de son capital.

Le 1ᵉʳ lui rapporte 1155ᶠ,30 en 11 mois.
Le 2ᵉ   —   1048ᶠ,65 en 9 mois.
Et le 3ᵉ   —   965ᶠ,40 en 10 mois.

Après combien de temps, dans ces conditions, cette personne aura-t-elle 5272ᶠ,15 d'intérêt ?

292. Dans un champ de maïs (⁴) de 18 hectares on a trouvé pour 100 kilog. de grains ;

206 kilog. de tiges ;
26 kilog. de spathes (⁵) ;
Et 48 kilog. de râfles (axes des épis).
L'hectolitre de grains pesant 68 kilog., et les spathes se vendant 10 francs les 100 kilog.,
Combien, lorsque le blé vaut 21 francs l'hectolitre, seront ven-

(1) Excroissance produite sur une espèce de chêne par un insecte appelé *cynips*.

(2) Bois rouge employé pour la teinture qui nous vient particulièrement du Mexique.

(3) La gomme arabique découle de différents acacias ; elle nous vient surtout du Sénégal.

(4) Le maïs ou *blé de Turquie* est le fruit d'une céréale qui appartient aux contrées méridionales de l'Europe.

(5) Les spathes sont les feuilles qui enveloppent les épis ; on les utilise en literie.

dus les grains et les spathes de ce champ, en supposant que l'hectare rapporte, en moyenne, 6 hectolitres de grains et que le prix du maïs soit les $\frac{13}{20}$ de celui du froment?

293. Le prix vénal de la pomme de terre, en France, est les $\frac{4}{25}$ de celui du froment.

572 hectolitres, blé et pommes de terre, ont été vendus 4776f,96.

L'hectolitre de blé étant estimé 24 francs, combien y avait-il d'hectolitres de pommes de terre; combien d'hectolitres de blé ?

294. L'opium (¹) se vend à peu près 18f,50 le kilogramme, et une tête de pavot en fournit $\frac{1}{5}$ de gramme.

Combien faut-il de têtes pour en fournir 1 kilog. ?

295. 25 pieds de ricin peuvent produire un kilog. de graines, et 1 hectare peut recevoir 15625 pieds.

Quelle est la valeur de la récolte d'une étendue de 92 ares 75 centiares, la graine renfermant 40 p. 100 d'huile qui se vend en moyenne 2f,80 le kilog. ?

296. En 1851, l'étendue des forêts de l'État était de 1226000 hect., ainsi répartis :

Essence de chêne. . . . . . $\frac{1}{9}$ de l'étendue totale $+$ 455 hectares.

Plantés en bois blanc. . . . $\frac{1}{3}$ — $+$ 266 —

Pins, sapins, essences diverses $\frac{7}{16}$ — $+$ 235125 —

Déterminer les étendues de ces diverses plantations.

297. 1 hectare de cannes à sucre produit, à Bourbon, 76 000 kilog. de cannes qui rendent 9200 kilog. de sucre à peu près.

En France, l'hectare de betteraves produit, en moyenne, 40 000 kilog. de racines qui rendent 2400 kilog. de sucre.

(1) L'opium est le suc épaissi de la capsule du pavot; il doit à une substance appelée *morphine* ses propriétés calmantes. Les graines sont simplement oléagineuses et donnent par expression l'huile d'*œillette* employée pour la table.

L'hectare de cannes exige le travail de 12 noirs coûtant chacun 250 francs annuellement.

La culture de l'hectare de betteraves coûte 354 francs.

Quel est le prix de revient :

1° de 1 kilogramme de sucre de cannes ;

2° —   —   de betteraves ?

298. Le déchet du chiffon dans la fabrication du papier est d'environ 26 p. 100.

Combien les 72 348 296 kilog. de chiffons consommés annuellement en France produisent-ils de kilogrammes de papier ?

299. Le rayon moyen de la Terre est de 6 366 745 mètres, et la différence entre le rayon de l'équateur et celui des pôles est de 20 660 mètres.

Quelle est la longueur du rayon des pôles et celle du rayon de l'équateur ?

300. Les distances moyennes des planètes au Soleil sont entre elles comme les nombres :

0,39	pour	Mercure
0,72	—	Vénus
1,00	—	la Terre
1,52	—	Mars
5,20	—	Jupiter
9,54	—	Saturne
19,18	—	Uranus
30,04	—	Neptune.

Or la lumière, qui parcourt environ 310000 kilomètres par seconde, nous arrive du Soleil en 8'13".

Calculer, à moins de 1000 kilomètres près, chacune de ces distances.

301. Un marchand de métaux achète, sur le marché de Paris, du cuivre brut du Chili, ayant un rendement de 96 p. 100.

S'il en eût acheté 2400 kilog. de moins, il n'aurait payé que 27280 francs ou les $\frac{34}{37}$ de ce qu'il a déboursé.

Combien a-t-il acheté de kilogrammes de cuivre brut, et combien lui coûtent les 100 kilog. de cuivre pur ?

302. La moutarde (¹) blanche rend 32 p. 100 d'huile, et la moutarde noire 16 p. 100 seulement.

Dans une fabrique, on a obtenu, avec 4068 kilog. de graines des deux espèces, 1199ᵏ,360 d'huile.

Combien a-t-on employé de kilogrammes de graines de chaque espèce, et combien y avait-il de kilogrammes d'huile de l'une et de l'autre ?

303. La Grande-Bretagne a reçu les $\dfrac{7}{15}$ + les $\dfrac{3}{20}$ + les $\dfrac{13}{60}$ des métaux précieux sortis des États-Unis en 1856, ce qu'on estime à une valeur de 270 750 000 francs.

A combien s'élève la valeur totale des métaux précieux sortis des États-Unis en 1856 ?

804. Les bijoux d'argent contiennent en général une quantité de cuivre telle qu'un bijou de 18 grammes ne contient que 13ᵍʳ,5 d'argent pur.

Quel est le titre de ces bijoux ?

305. La vaisselle d'argent contient presque toujours 5 p. 100 de cuivre.

Quelle est la valeur de l'argent contenu dans une douzaine de couverts pesant 2ᵏ,95575, le kilogramme d'argent pur étant estimé 222ᶠ,22 ?

306. La Toscane fournit annuellement au commerce une quantité de chiffons (²) suffisante pour faire 7 954 300 kilog. de papier, 3 kilog. de chiffons produisant 2 kilog. de papier.

Ces chiffons sont expédiés du port de Livourne aux États-Unis, en Angleterre et en Espagne, proportionnellement aux nombres 250, 6 et 3.

Quels sont les nombres de kilogrammes de chiffons envoyés aux États-Unis, en Angleterre et en Espagne ?

---

(1) La moutarde appartient à la famille des crucifères. La graine simplement exprimée donne une huile douce ; mais broyée avec l'eau, elle donne un produit âcre et piquant qui est la moutarde de table. On sait l'emploi fréquent que fait la médecine de la farine de graines de moutarde.

(2) $\frac{3}{4}$ de cette quantité de chiffons proviennent du pays même, et $\frac{1}{4}$ sont importés de Lombardie, du Piémont, de l'Égypte, de Tunis et des autres États barbaresques.

307. En estimant à 8 francs les 50 kilog. de charbon de Paris ([1]), on trouve que les $\frac{4}{35}$ + les $\frac{5}{18}$ + les $\frac{7}{39}$ de la valeur du charbon fourni annuellement par la seule fabrique montée dans la capitale surpassent de 140799^f,44 les $\frac{3}{26}$ + les $\frac{7}{20}$ de cette valeur.

Quelle est, en kilogrammes, la production annuelle de la fabrique de charbon de Paris?

308. Un rentier a fait 3 placements de son capital, et se trouve avoir ainsi 3045^f,24 de revenu annuel.

Quelle est la valeur de chaque placement?

Le taux étant le même pour chacun, et

<pre>
le 1er rapportant   786f,50   en 15 mois,
le 2e   —   689,92   en 8 mois,
et le 3e —   1035,87   en 9 mois.
</pre>

309. Les $\frac{3}{20}$ + les $\frac{5}{8}$ + les $\frac{7}{28}$ de la production totale du fer en France surpassent cette production de 21160 tonnes.

Quelle est la production totale du fer en France?

310. En estimant à 125^f,40 le prix du kilogramme de corail ([2]), on trouve que les $\frac{2}{9}$ + $\frac{1}{6}$ + $\frac{1}{3}$ du produit moyen annuel de la pêche de corail, pour la Toscane, s'élèvent à 303802^f,20.

Quel est le produit annuel de cette pêche en kilogrammes et en francs?

311. L'Europe produit annuellement à peu près 21 millions de kilogrammes de cuivre, l'Angleterre en fournit la moitié à elle seule.

Or, pour donner la quantité de cuivre que fournit l'Angleterre seule, il faut 30 000 000 de kilog. de cuivre pyriteux ([3]), le principal minerai de cuivre.

___

(1) Ce charbon est composé des poussiers de charbons provenant des bois durs et de la tourbe, de brindilles, des résidus charbonneux des usines à gaz et des magasins de coke. Ces débris pulvérulents sont agglomérés avec du goudron.

(2) La pêche du corail se répartit entre Livourne, Gênes, Naples et Marseille. Livourne tient le premier rang dans cette industrie.

(3) Le cuivre pyriteux, ou sulfure de cuivre est le principal minerai de cuivre. Le mot *pyrite* s'applique à tous les minerais où il entre du soufre.

Combien y a-t-il de kilog. de cuivre pur dans 100 kilog. de ce minerai ?

312. Pour produire la même quantité de cuivre pur (celle que fournit l'Angleterre), il ne faudrait que les $\frac{7}{16}$ du cuivre sulfuré qu'on rencontre dans la Hesse et dans l'Oural.

Combien 100 kilog. de ce cuivre sulfuré contiennent-ils de kilog. de cuivre pur ?

313. 3 paquebots partent du Havre à des intervalles inégaux :

        Le 1er tous les 6 jours.

        Le 2e — 9 jours.

        Le 3e — 12 jours.

Ils partent un jour ensemble.

Après combien de jours se fera de nouveau le départ en commun.

314. En estimant à 83^f,08 le prix moyen du tonneau de marbre toscan (1), on trouve que l'exportation des marbres toscans, en 1857, s'est élevée à 1 249 938^f,60.

Or les nombres de tonneaux de marbres exportés : 1° en blocs ; 2° en carreaux ; 3° pour les cheminées, les mortiers, etc., — sont entre eux comme 947, 26 et 30.

Quelle est la valeur :

1° De l'exportation des marbres en blocs.

2° — en carreaux.

3° — pour cheminées, mortiers, etc. ?

315. Pendant combien de temps faut-il placer 56 484 francs pour avoir le même intérêt qu'en plaçant 75 312 francs pendant 9 mois ? Le taux étant le même dans les deux cas.

316. Quel capital rapporterait, en 9 mois, au même taux, autant d'intérêt que 32 172 francs en 15 mois ?

317. Un capital est les $\frac{7}{9}$ d'un autre et rapporte, au même taux, la moitié de l'intérêt du premier.

(1) C'est en Toscane que se trouve le marbre de Carrare, d'un blanc parfaitement pur, le plus recherché pour des statues et les œuvres d'art.

Dans quel rapport sont les temps de placement de ces deux capitaux?

Application aux nombres 43 272 francs et 33 656 francs placés à 4^f,75 p. 100. L'intérêt du premier étant de 1 370^f,28, et celui du second de 685^f,14.

318. Un capital est les $\frac{3}{5}$ d'un autre, et l'intérêt annuel du premier est 3646^f,29.

Quel est, au même taux, l'intérêt annuel du second?

Application aux nombres 78645 francs et 47175 placés à 4^f,60 p. 100.

319. Un capital est les $\frac{5}{8}$ d'un autre et reste placé deux fois $\frac{1}{3}$ autant que le premier.

Le taux étant le même, dans quel rapport sont les intérêts de ces deux capitaux?

Application aux nombres 42912 francs et 26820 francs placés à 5^f,30 p. 100 :

Le premier pendant 6 mois.
Le deuxième   —   1 an 2 mois.

320. Un marchand achète 87 hectolit. de blé à 25^f,80 l'hectolitre, et donne en payement, au vendeur, un billet payable dans 3 mois.

Quelle somme recevra le vendeur en faisant escompter son billet à 5 p. 100?

321. Un fabricant de sucre a vendu 3472 kilog. de sucre à 71^f,45 les 100 kilog.

L'acheteur lui a fait un billet payable dans 4 mois.

Quelle sera la retenue faite par le banquier escompteur, l'escompte étant à 4^f,75 p. 100?

322. Un marchand de métaux a vendu 5348 kilog. de cuivre anglais en plaques à 240 francs les 100 kilog.

L'acheteur a fait un billet, à 5 mois d'échéance, que le vendeur a escompté le jour même et pour lequel il a reçu 12579^f,71.

Quel était le taux d'escompte?

323. Un fermier a reçu, en paiement d'une vente de 2912 kilog. de foin, un billet à 3 mois de terme.

Le banquier escompteur, ayant fait une retenue de 37^f,856 sur ce billet, et le taux de l'escompte étant 5^f,20, quel était le prix de vente des 500 kilog. de foin?

324. Un marchand de métaux a vendu 8990 kilog. de zinc a 48^f,50 les 100 kilog.

L'acheteur lui a fait un billet dont l'escompte à 5^f,20 p. 100 s'est élevé à 27^f,4888.

Combien devait-il s'écouler de mois avant l'échéance du billet?

325. Un train omnibus, se dirigeant vers Bordeaux, est parti de Paris à 5^{h}10^m avec une vitesse moyenne de 36 kilom. par heure.

À 7^{h}30^m, un train exprès part aussi de Paris pour la même destination avec une vitesse moyenne de 52 kilom.

Après combien d'heures le train exprès aura-t-il atteint le train omnibus?

326. Deux trains de chemin de fer, se dirigeant l'un vers l'autre, partent en même temps, l'un de Paris, avec une vitesse moyenne de 35^k,5 par heure; l'autre de Dieppe, avec une vitesse de 48 kilom.

La distance de Paris à Dieppe étant de 167 kilom., après combien d'heures se fera la rencontre des deux trains?

327. Deux promeneurs, placés chacun à une extrémité de la terrasse de Saint-Germain, partent en même temps, pour aller à la rencontre l'un de l'autre.

Le premier fait 104 pas par minute, et chaque pas a une longueur moyenne de $\frac{5}{7}$ de mètre;

Le deuxième fait 112 pas par minute, mais 4 de ses pas n'en valent que 3 du premier.

Ils se rencontrent après 22^{m}24^s de marche.

Quelle est la longueur de la terrasse de Saint-Germain?

328. Un train omnibus, se dirigeant vers Bordeaux, part d'Orléans, au moment où un train exprès part de Paris avec une vitesse moyenne de 48^k,4 par heure.

La rencontre ayant eu lieu 7^{h}33^{m}45^s après le départ, et la distance de Paris à Orléans étant de 121 kilom., quelle était la vitesse du train omnibus?

329. Deux trains partis de Lyon :

le premier avec une vitesse de $48^k,3$ par heure,
le deuxième   —   de $31^k,8$ —

sont arrivés ensemble à Paris.

A quelle distance de Lyon devait être le deuxième lorsque le premier s'est mis en marche ?

La distance de Paris à Lyon est de 465 kilom.

330. Une barque est abandonnée au courant à Suresnes, au moment où un bateau à vapeur, qui, parti de Neuilly, remonte la Seine avec une vitesse de $11^k,592$ à l'heure, n'est plus qu'à 168 mètres du premier village.

$37^s,5$ après, le bateau et la barque se rencontrent.

Quelle est, par seconde, la vitesse du courant entre Suresnes et Neuilly ?

331. Sur les routes en bon état, on estime à $0^f,10$ par kilomètre le prix du transport d'un stère de bois.

Deux villes A et B sont distantes l'une de l'autre de 240 kilom.

En A le stère de bois coûte 28 francs, et en B il coûte 34 francs.

En quel point de la ligne AB le stère de bois coûtera-t-il le même prix, qu'il vienne de A ou de B ?

A————————————c————————————B

332. Le prix de vente et le droit de sortie des albâtres blancs (¹) bruts, exportés annuellement de la Toscane en France, fournissent ensemble une somme dont l'intérêt annuel à 5 p. 100 est de $2650^f,13$.

Or le droit de sortie, qui est de $7^f,50$ pour 100 kilog., placé à 4 p. 100, donne seul un revenu annuel de 714 francs.

Quel est le nombre de kilogrammes d'albâtres blancs envoyés annuellement de Toscane en France, et quel est le prix de 100 kilog., le droit de sortie compris ?

____

(1) L'albâtre blanc se tire principalement des environs de Volterra en Toscane; on en fait des pendules, des vases, des coffrets, etc.; la plupart de ces objets se fabriquent à Florence. Il existe une carrière d'albâtre exploitée près de Lagny (Seine-et-Marne).

333. On a extrait d'une solfatare (¹) 275 kilog. de terre de soufre.

Une partie contenant 45 p. 100 de soufre pur,
et l'autre partie   —   28 p. 100   —

Le soufre pur contenu dans les 275 kilog. de terre s'élevant à 97^k,4, combien y avait-il de kilog. de terre contenant 45 p. 100 de soufre pur ?

Combien contenant 28 p. 100 ?

334. L'Espagne a exporté en 1856 pour 88 749 243 francs de vins (ordinaires, xérès et malaga).

Dans cette exportation, la valeur des vins ordinaires, augmentée de ses $\frac{38}{63}$ + 215 289 francs, est égale à celle des vins de Xérès, et celle des vins de Malaga surpasse de 216 556^f,20 les $\frac{2}{21}$ + le $\frac{1}{35}$ de celle des vins ordinaires.

Quelle était la valeur de chaque exportation ?

335. Quel est, en Angleterre, le nombre d'ouvriers employés aux opérations minières ?

Les $\frac{5}{7}$ de ce nombre + 2885 ouvriers sont occupés aux mines de charbon de terre.

Les $\frac{2}{21}$ — 2842 aux mines de fer.

Aux mines de cuivre, 4937 de moins qu'aux mines de fer.

Aux mines d'étain, les $\frac{2}{3}$ du nombre occupé aux mines de cuivre + 649.

$\frac{1}{14}$ du nombre total + 14 aux mines de plomb.

Et 174 aux mines de zinc.

336. Un propriétaire achète une vigne attenant à sa propriété. Il n'a pas alors assez d'argent pour payer comptant ; mais

---

(1) Les solfatares sont d'anciens terrains volcaniques d'où s'exhalent des vapeurs sulfureuses, qui déposent du soufre sur les parois des fissures qui leur livrent passage.

s'il avait 6930 francs de plus, il pourrait payer la vigne et il lui resterait encore $\frac{1}{22}$ du prix de cette vigne.

D'un autre côté, si la somme qu'il possède n'augmentait que de 5418 francs, il lui manquerait $\frac{1}{30}$ du prix de la vigne pour payer son acquisition.

Quel est le prix de la vigne, et quelle somme possède l'acheteur ?

337. L'éclairage public et l'éclairage particulier se composent ensemble, à Paris, d'environ 87 055 becs, dont les $\frac{3}{5}$ appartiennent à l'éclairage public.

La consommation moyenne de chaque bec est de 134 litres de gaz par heure.

La dépense totale des 87 055 becs étant évaluée à 12 248f,6385 par soirée de 5 heures,

On demande le prix du mètre cube de gaz :

1° Pour la ville de Paris ;

2° Pour les particuliers.

La dépense pour l'éclairage particulier surpassant de 1749f,8055 celle de l'éclairage public.

338. La valeur de l'exportation des oranges des ports de la Sicile, en 1857, a surpassé de 3 601 830 francs celle de l'Espagne, et, en estimant les 200 oranges à 3 francs, on trouve que le nombre des oranges exportées de la Sicile surpasse de 240 122 000 celui des oranges exportées de l'Espagne.

Quelle est la valeur de chacune de ces exportations ?

339. La densité de l'or est 19,36 et celle du cuivre 8,87.

A quel titre est un vase d'or du poids de 4k,29308 sous un volume de 242cc,73 ?

340. L'Angleterre entretient à peu près 2 moutons par hectare, et la France 35.

L'étendue de l'Angleterre est environ les $\frac{5}{18}$ de celle de la France.

Combien compte-t-on de moutons dans chacun de ces deux pays, et quelle est, en hectares, l'étendue de chacun d'eux ?

Le nombre de moutons des deux États s'élevant à 64 832 400.

341. 30 grammes d'or peuvent fournir 5000 feuilles carrées couvrant ensemble une surface de 40 mètres carrés 50 décim. carrés.

Quelle est la longueur du côté de chaque feuille?

342. 4 grammes d'argent peuvent fournir 4 fils formant les 4 côtés d'un carré ayant une surface de 645 hectares 16 ares.

Quelle est la longueur de chacun de ces fils?

343. On évalue ordinairement le prix des diamants en multipliant par 48 le carré de leur poids exprimé en karats et admettant que le produit exprime des francs.

Le diamant dit du roi de France [1] vaudrait, d'après ce mode d'estimation, 887 808 francs.

Quel est son poids en grammes?

Le karat vaut 20^{centigr},27.

344. Les poids de deux chevaux sont entre eux à peu près comme les carrés des largeurs des poitrails.

Un cheval ayant un poitrail de 0^{m},444 de largeur, pèse 500 kilog.

Quel est le poids d'un cheval qui a un poitrail de 0^{m},409 de largeur?

345. Le prix de la maçonnerie [2] en moellons pour fondations est, en moyenne, de 13 francs par mètre cube. On a payé pour les fondations d'une maison de forme rectangulaire 4076^{f},80.

La hauteur des fondations étant de 4 mètres et l'épaisseur de 0th,35,

Déterminer la longueur et la largeur de ces fondations, la largeur n'étant que le $\frac{1}{3}$ de la longueur.

346. On sait qu'un arpent (51 ares) de bois destiné au chauffage produit, dans un sol médiocre, 27^{stères},5, en moyenne, à l'âge de 15 ans.

Un marchand achète une coupe de bois de cet âge pour une somme de 201 201 francs.

(1) Il est désigné sous le nom de *Régent*, parce qu'il fut acheté d'un Anglais par le duc d'Orléans, régent sous la minorité de Louis XV. Il coûta 2 500 000 fr. On assure qu'il vaut le double en raison de sa forme et de sa parfaite limpidité.

(2) Le mètre cube de briques de Bourgogne pour murs et ouvrages de forte épaisseur, voûtes et massifs, vaut de 70 à 75 francs; la brique ordinaire, de 35 à 50 francs.

Le stère étant estimé 13^f,40 sur place, et les clairières formant les $\frac{2}{15}$ du terrain,

Quelle est, en hectares, ares, etc., l'étendue de ce bois ?

347. Quatre boulets sont placés de telle sorte

que le poids du 2e est les $\frac{8}{9}$ de celui du 1er ;

—   3e — $\frac{11}{12}$ —   2e ;

—   4e — $\frac{17}{20}$ —   3e.

La différence entre les poids des deux derniers boulets étant $\frac{44}{45}$ de kilogramme,

Quel est le poids de chaque boulet ?

348. Les quantités de combustible minéral employées dans toute la France par les quatre grandes branches de consommation sont entre elles comme les nombres suivants :

    67,27 pour l'industrie en général,
    20,13 — le chauffage domestique,
     8,35 — l'industrie des transports,
     4,25 — les exploitations minérales.

Or, en estimant à 4^f,50 le quintal métrique de charbon de terre, la valeur de la consommation du chauffage domestique s'élève seule à 72 094 500 francs.

1° Calculer la valeur du combustible employé aux trois autres usages ; 2° calculer en quintaux la consommation totale de la France.

349. Les 1250 millions de quintaux métriques de houille extraits annuellement du globe sont répartis proportionnellement aux nombres suivants :

    9   pour la Grande-Bretagne ;
    2   — les États-Unis ;
    $1 + \frac{2}{3}$ — la Prusse ;
    $1 + \frac{13}{75}$ — la Belgique ;

$$\frac{4}{4} \quad - \quad \text{pour la France};$$
$$\frac{2}{3} \quad - \quad \text{l'Autriche};$$
$$\frac{4}{5} \quad - \quad \text{la Saxe};$$
$$1 + \frac{22}{7} \quad - \quad \text{divers autres pays.}$$

Calculer : 1° chacune de ces productions; 2° leurs valeurs respectives, en estimant 0f,744 le quintal.

350. Les quantités de papier (^{1}) produites en France, en Angleterre et aux États-Unis sont entre elles comme les nombres 4, 5 et 40.

Or, 100 kilog. de chiffons produisant 74 kilog. de papier, et les 3000 kilog. de chiffons étant estimés 180f francs, on trouve que la valeur du chiffon employé annuellement en France, à la fabrication du papier s'élève à 6 315 789f,47 $\frac{7}{49}$.

Quelle est, en kilogrammes, la production annuelle du papier: 1° en France; 2° en Angleterre; 3° aux États-Unis?

351. 35 chênes-liége (^{2}) produisant, en moyenne, les uns 70 kilog. de liége, et les autres 40 kilog., ont fourni un nombre de bouchons dont la vente à 2f,10 le cent a rapporté 5405f,40.

100 kilog. donnant, en moyenne, 12 870 bouchons,

Combien y avait-il de chênes-liége produisant 70 kilog. d'écorce; combien 40 kilog. ?

352. On démontre en physique que l'intensité de la lumière est en raison inverse du carré de la distance.

Un bec de gaz et une bougie sont séparés par une distance de 15 mètres.

L'intensité de la lumière du bec de gaz étant 9 fois plus grande que celle de la bougie,

En quel point intermédiaire faut-il placer un corps entre ces deux lumières pour qu'il soit également éclairé par chacune d'elles ?

---

(1) La France compte environ 250 fabriques dans lesquelles fonctionnent près de 350 machines.

(2) Un arbre séculaire et vigoureux peut donner jusqu'à 100 kilog. d'écorce, mais la moyenne est de 50 kilog. C'est quand le chêne a quarante ans environ que le liége possède une valeur commerciale.

253. Le carré de la hauteur métrique de la plus haute montagne d'Amérique contient 34 659 600, mètres de moins que le carré de la hauteur du pic le plus élevé de l'Himalaya, et le carré de la différence de ces mêmes hauteurs est 4 410 000 mètres.

Déterminer la hauteur de chacune de ces montagnes.

354. Le carré de la somme des hauteurs du mont Blanc (le plus élevé de l'Europe) et du pic de Ténériffe (le plus haut de l'Afrique) surpasse de 71 380 400 mètres le carré de la différence de ces mêmes hauteurs, et la hauteur du pic de Ténériffe n'est que les $\dfrac{40}{13}$ de celle du mont Blanc augmentée de 10 mètres.

Calculer chacune de ces hauteurs.

355. Par nos procédés de blutage (1), on obtient, en moyenne, avec 100 kilog. de blé, 72 kilog. de farine propre à la fabrication d'un pain blanc. D'un autre côté, 100 kilog. de cette farine rendent à peu près 132 kilog. de pain.

En supposant que le kilogramme de pain soit estimé 0f,25, et que l'hectare de terre rapporte 20 hectolitres de blé pesant 78 kilog. l'hectolitre.

Quelle doit être l'étendue d'un champ dont la récolte de blé suffit à l'alimentation d'une famille de 7 personnes, leurs dépenses en pain, pendant une année, étant les suivantes :

La dépense de la 7e, 75f,65, est les $\dfrac{5}{6}$ de celle de la 6e.

$$
\begin{array}{ccc}
6^e, & \dfrac{7}{8} & 5^e.\\[6pt]
5^e, & \dfrac{12}{13} & 4^e.\\[6pt]
4^e, & \dfrac{6}{7} & 3^e.\\[6pt]
3^e, & \dfrac{14}{15} & 2^e.\\[6pt]
2^e, & \dfrac{13}{14} & 1^{re}.
\end{array}
$$

356. La hauteur de la tour de Strasbourg (le Munster) est les $\dfrac{74}{73}$ de celle de la plus haute des pyramides d'Égypte ; la cou-

(1) Opération qui a pour but de séparer de la farine le son et les corps étrangers qui s'y rencontrent.

pôle de Saint-Pierre de Rome à 4 mètres de moins d'élévation que le Munster; la tour de Saint-Michel à Hambourg n'est en hauteur que les $\frac{5}{6}$ + 15 mètres de la coupole de Saint-Pierre;

et enfin la flèche de l'église d'Anvers à 10 mètres de moins d'élévation que la tour de Saint-Michel.

Les hauteurs réunies de ces 5 monuments s'élevant à 676 mètres,

Calculer la hauteur de chacun d'eux.

357. La hauteur de la colonne de la place Vendôme est les $\frac{5}{6}$ — 8 mètres de celle de la balustrade de la tour Notre-Dame;

Le sommet du Panthéon, qui a 13 mètres de plus que la tour Notre-Dame, ne s'élève qu'aux $\frac{11}{15}$ + 2 mètres de la hauteur de la flèche des Invalides;

Enfin, le dôme de Milan (1) a 4 mètres de plus de hauteur que la flèche des Invalides.

Les hauteurs réunies de ces 5 monuments étant de 402 mètres,

Calculer la hauteur de chacun d'eux.

358. L'exportation du papier peint (2), en rouleaux, pour tentures, de fabrication française, a produit, en 1859, une somme de 5 029 049 francs.

La quantité exportée n'étant que le $\frac{1}{3}$ de tout le papier fabriqué, et les $\frac{4}{5}$ de la valeur du papier employé en France surpassant de 3 017 441^f,40 la valeur du papier exporté,

Combien de kilogrammes de papier peint ont été fabriqués en France, en 1859, le kilog. de papier étant estimé 2^f,65 ?

359. La scie d'une scierie mécanique est animée d'une vitesse de 120 coups par minute, et avance à chaque coup de 2 millimètres.

Combien cette scie mettra-t-elle de temps à scier une pièce de bois de chêne équarrie ayant 1^m,40 de longueur et 0^m,35

(1) La cathédrale de Saint-Charles, dite *le Dôme,* est la plus vaste église de l'Europe après Saint-Pierre de Rome.

(2) On compte à Paris 141 fabriques de papier peint qui emploient 3295 ouvriers. Le siége principal de la fabrication est le faubourg Saint-Antoine.

d'équarrissage, en supposant qu'on scie cette pièce de bois en planches de 0ᵐ,014 d'épaisseur ?

360. Les scieries à placage qui marchent à Paris produisent environ 36 mètres carrés de feuilles par jour.

Combien faudra-t-il de jours pour scier les feuilles nécessaires au placage de 75 tables circulaires ayant chacune 0ᵐ,36 de rayon ?

361. Dans un moulin à vent dont les ailes ont 12 mètres de long,

Combien les ailes font-elles de tours par minute lorsque la vitesse du vent est de 5ᵐ,8 par seconde ?

362. Deux voitures marchant en sens contraires, l'une avec une vitesse de 190ᵐ,2 par minute, et l'autre avec une vitesse de 138ᵐ,6, se sont rencontrées après 1ʰ 43′ 18″.

Combien les roues de chaque voiture ont-elles fait de tours ?

Le rayon des roues de la première est de 0ᵐ,54, et celui des roues de la seconde de 0ᵐ,48.

363. Une personne place, à intérêt composé (1), une somme de 12 800 francs.

Combien retirera-t-elle après 8 ans ?

364. Une ville emprunte, à 6 p. 100, une somme de 4 millions, qu'elle doit payer en 25 annuités.

Calculer la valeur de chaque annuité.

365. Une personne obligée de quitter sa patrie a laissé, avant de partir, 15 800 francs à un banquier qui lui rembourse 9 ans après le capital et les intérêts des intérêts à 5 p. 100.

Combien cette personne a-t-elle dû recevoir ?

366. Un ouvrier place à la fin de chaque année et pendant 20 ans une somme de 475 francs à 5 p. 100.

Combien cet ouvrier recevra-t-il à la fin de la 20ᵉ année ?

(1) L'intérêt est simple lorsqu'il est payé régulièrement à la fin de chaque année ou de la demi-année, etc. L'intérêt est composé lorsqu'on laisse l'intérêt s'ajouter progressivement au capital, en sorte que ces accumulations successives d'intérêt sur intérêt forment à la fin de chaque année ou de chaque terme un nouveau principal, consistant dans le capital originaire et dans les intérêts accumulés.

367. Une domestique place chaque année, à intérêt composé, pendant 25 ans, 175 francs à 5 p. 100.

Combien le capital qui en résultera à la fin de ce temps lui rapportera-t-il d'intérêt, le taux étant toujours 5 p. 100?

368. Que devient, au bout de 8 ans, une somme de 28536 francs placée à intérêt composé au taux de $4\frac{5}{6}$?

369. Après combien d'années un capital est-il doublé, au taux de 5 p. 100?

370. Une personne emprunte une certaine somme dont elle s'acquittera par 3 payements égaux de 9264 francs; le 1er après 1 an, le 2e après 2 ans, et le 3e après 3 ans.

On demande quelle est la somme empruntée; le taux est de 5 p. 100.

(Problème donné à la Sorbonne le samedi 15 décembre 1855. — Baccalauréat ès sciences.)

371. Les frais nécessaires pour extraire d'un quintal de minerai le cuivre qu'il renferme s'élèvent à 5f,75.

On a acheté une certaine quantité de minerai, contenant 12 p. 100 de cuivre, au prix de 18 francs le quintal. Le cuivre perdu dans l'opération s'élevant aux $\frac{2}{100}$ de celui que le minerai contient,

A quel prix reviendra le quintal de cuivre?

(Donné à la Sorbonne le 18 juillet 1854.)

372. Une personne doit 5000 francs; elle remet à son créancier un billet de 4200 francs payable dans 4 mois, le taux de l'escompte étant 6 p. 100;

On demande combien elle doit ajouter d'argent comptant pour acquitter sa dette.

(Donné le 24 juillet 1855.)

373. Le minerai d'une usine de plomb contient 23 p. 100 de ce métal; le plomb que l'on en retire contient lui-même 0,003 d'argent. Ces divers produits forment une valeur annuelle de 1795000 francs.

Chercher combien il y a d'argent produit et combien de plomb. Chercher aussi quelle a été la quantité de minerai traitée dans d'usine, on supposera que la perte en plomb produite par les diverses opérations est de 10 p. 100, la perte de l'argent étant regardée comme nulle. Le prix du plomb est de 55 centimes les 100 kilog., et celui de l'argent pur est de 222f,22 le kilog.

(Donné le 26 août 1855.)

374. Deux banquiers sont en comptes courants (1). L'un d'eux a escompté pour son correspondant les sommes suivantes :

875 fr.	à 5 p. 100,	84	jours d'échéance.
486 fr.	à 4 —	106	—
532 fr.	à 5 —	92	—
678 fr.	à 5 —	89	—
1044 fr.	à 6 —	78	—
902 fr.	à 4 —	96	—
754 fr.	à 6 —	73	—

Combien le correspondant doit-il à son confrère (2) ?

De son côté, le correspondant a escompté pour son confrère les sommes suivantes :

542 fr.	à 4 p. 100,	102	jours d'échéance.
947 fr.	à 5 —	98	—
845 fr.	à 4 —	108	—
746 fr.	à 6 —	91	—
573 fr.	à 5 —	74	—
348 fr.	à 6 —	48	—
942 fr.	à 6 —	55	—

Établir la balance des deux comptes, c'est-à-dire combien l'un doit à l'autre.

375. Quelle est la valeur d'une lettre de change (3) de 300 livres sterling sur Londres au change de 25,25 ?

(1) Des négociants sont en comptes courants lorsqu'ils se sont ouvert un crédit réciproque pour toutes leurs affaires courantes.

(2) On emploie ordinairement dans le calcul des escomptes une méthode particulière qui est fondée sur les remarques suivantes :

Lorsqu'une somme est escomptée à 5 pour 100, 5 étant la 72e partie de 360 jours, l'intérêt de cette somme pendant 72 jours, est précisément égal à la 100e partie de la somme. Alors on décompose le nombre de jours donnés en 72 jours et en parties aliquotes de 72. De même lorsque le taux d'escompte est 4 ou 6.

(3) On entend par change le commerce de l'argent et des lettres de change qui en sont la représentation. Ce commerce s'établit entre les particuliers qui ont des dettes à payer dans différents pays et ceux qui ont des fonds à y recevoir.

Le prix du change est soumis à des oscillations presque journalières, dues prin-

376. Une lettre de change sur Londres achetée à 25,35 a coûté 10140 francs.

Quel est le montant de cette lettre?

377. Quel est le prix d'une lettre de change sur Bâle de 800 livres suisses achetée à 99 $\frac{1}{2}$? (99 $\frac{1}{2}$ francs de Paris pour 100 francs à Bâle.)

27 livres suisses de Bâle valent 40 francs.

378. Une maison de Bordeaux achète à Bordeaux une lettre de change sur Paris de 18790 francs à 99 $\frac{1}{2}$ (1) (99 $\frac{1}{2}$ de Bordeaux pour 100 de Paris).

Combien cette maison devra-t-elle payer à Paris?

379. Une maison de Paris fait venir de Saint-Pétersbourg un chargement de chanvre valant 1280 roubles papier.

Combien l'acheteur versera-t-il chez le banquier de Paris qui a un correspondant à Saint-Pétersbourg, la négociation ayant lieu à 110 $\frac{1}{2}$? (110 $\frac{1}{2}$ francs pour 100 roubles.)

380. Une maison de Paris achète à Frankfort pour 5412 rixdales de marchandises qu'elle doit payer à Gênes en livres du pays.

Combien cette maison devra-t-elle payer de livres à Gênes?

207 rixdales de Frankfort valent 800 francs, et 6 livres de Gênes valent 5 francs.

cipalement à l'augmentation ou à la diminution soudaine du nombre des lettres tirées d'un pays sur un autre.

Quand deux pays commercent ensemble, Londres et Paris, par exemple, si les dettes de Londres à Paris excèdent celles contractées par les négociants de Paris à Londres, le change se trouve en faveur de Paris contre Londres et inversement. Au reste, ce sont les frais de transport des lingots d'un pays à un autre qui déterminent la limite de la hausse ou de la baisse du change.

(1) Le prix du change intérieur est toujours exprimé à tant pour 100; il est ordinairement de 1/8, 1/4, 1/3, 1/6, ou de 1, 2, 3, etc. pour 100 de perte ou de bénéfice.

La valeur d'une lettre de change dépend de l'intérêt de l'argent qu'elle représente, des frais et des risques de son transport, et du plus ou moins grand besoin que l'on a d'échanger des lettres pour de l'argent, ou de l'argent pour des lettres.

APPLICATIONS A LA GÉOMÉTRIE, A LA PHYSIQUE,
A LA MÉCANIQUE ET A LA CHIMIE.

Géométrie.

381. Déterminer le 3e angle d'un triangle, sachant que les deux autres ont : le premier 46° 18′, et le second 84° 26′.

382. L'un des deux angles aigus d'un triangle rectangle est de 48° 7′ 18″.
Calculer l'autre.

383. L'un des angles d'un triangle est de 108° 45′ 7″, et la différence des deux autres de 8° 35′ 23″.
Trouver ces deux autres.

384. La différence des deux angles aigus d'un triangle rectangle est de 5° 26′ 32″.
Déterminer chacun de ces deux angles aigus.

385. Quelle est la somme des angles d'un polygone de 17 côtés ?

386. La somme des angles d'un polygone est égale à vingt-six droits.
Quel est le nombre des côtés de ce polygone ?

387. Déterminer l'angle au sommet des polygones réguliers de 3, de 4, de 5, de 6, de 7, de 8, de 9, de 10, de 11, de 12, etc. côtés.
Quelle est la limite maximum lorsque le polygone a une infinité de côtés ?

388. Calculer l'angle au centre des mêmes polygones.
Quelle est la limite minimum lorsque le polygone a une infinité de côtés ?

389. Dans quel polygone régulier l'angle au centre est-il égal à l'angle au sommet ?

5.

390. Quelle est la mesure de l'angle inscrit qui intercepte entre ses côtés un arc de 92° 36′ 24″?

391. Quelle est, en mètres, la longueur d'un arc de 65° 28′ 15″, appartenant à une circonférence de 156 mètres.

392. Un angle dont le sommet est situé entre le centre et la circonférence intercepte entre ses côtés et leurs prolongements un arc de 84° 14′ 34″ et un arc de 18° 58′ 46″.
Quelle est la mesure de cet angle?

393. Calculer, en mètres, la somme des longueurs de ces deux arcs, la circonférence ayant 124 mètres de contour.

394. Quelle est la mesure d'un angle dont le sommet est situé en dehors de la circonférence et interceptant entre ses côtés un arc concave de 107° 23′ 16″ et un arc convexe de 25° 13′ 9″?

395. Exprimer, en mètres, la différence de ces deux arcs lorsque la circonférence a 98ᵐ,70.

396. Déterminer l'hypoténuse d'un triangle rectangle, les côtés de l'angle droit ayant : l'un 128ᵐ,45 et l'autre 236ᵐ,90.

397. Un jardin a la forme d'un triangle rectangle. L'hypoténuse a 218ᵐ,45, et l'un des côtés de l'angle droit 92ᵐ,70.
Déterminer l'autre côté.

398. Le carré de la différence des deux côtés de l'angle droit d'un triangle rectangle égale 1 296 mètres carrés, et le carré de l'hypoténuse 16 848 mètres carrés.
Déterminer chacun des côtés de ce triangle, l'un des côtés de l'angle droit étant les $\frac{2}{3}$ de l'autre.

399. Dans un triangle obliquangle les deux côtés d'un angle aigu ont : l'un 124ᵐ,35 et l'autre 98ᵐ,72, et la projection du deuxième sur le premier est de 64ᵐ,28.
Déterminer la longueur du côté opposé à cet angle aigu.

400. Quelle est la longueur de la droite qui unit le sommet de l'angle droit au milieu de l'hypoténuse d'un triangle rectangle, les côtés de l'angle droit ayant : l'un 95ᵐ,45 de longueur et l'autre 103ᵐ,54?

401. Les côtés de l'angle obtus d'un triangle obtusangle ont : l'un $192^m,75$, l'autre $103^m,50$, et la projection du dernier sur le premier est de $64^m,90$.

Déterminer le côté opposé à cet angle obtus.

402. Étant donnés les trois côtés d'un triangle : $a = 548$ mètres, $b = 375$ mètres et $c = 408$ mètres,

Déterminer la médiane qui aboutit au milieu du côté c.

403. Étant donnés les deux côtés adjacents d'un parallélogramme : $a = 1528$ mètres et $b = 936^m,75$,

Déterminer les deux diagonales de ce parallélogramme, l'une étant les $\frac{11}{15}$ de l'autre.

404. Trouver le rayon du cercle inscrit dans un triangle rectangle, les côtés de l'angle droit ayant l'un 123 mètres, et l'autre 256 mètres.

405. Calculer la diagonale d'un carré de $642^m,45$ de côté.

406. Un carré a $124^m,46$ de côté ; déterminer le côté du carré double.

407. Dans un cercle de 38 mètres de rayon on mène aux extrémités d'un diamètre deux cordes aboutissant en un même point de la circonférence.

L'une de ces cordes ayant $85^m,54$, quelle est la longueur de l'autre?

408. Dans un triangle rectangle la perpendiculaire abaissée du sommet de l'angle droit sur l'hypoténuse a $143^m,85$ de longueur.

Déterminer la longueur de l'hypoténuse, l'un des deux segments déterminés par la perpendiculaire étant les $\frac{4}{7}$ de l'autre.

409. L'un des côtés d'un parallélogramme a $498^m,20$, la grande diagonale $572^m,40$ et la petite $358^m,35$.

Quelle est la longueur du côté adjacent au côté connu?

410. Deux côtés consécutifs d'un triangle ont : l'un $524^m,90$

et l'autre 345^m,64; l'un des segments déterminés sur le troisième côté par la bissectrice de l'angle opposé a 108^m,35.

Calculer ce troisième côté.

411. Dans un triangle, l'un des côtés a 614 mètres, l'autre 468 mètres; celui-ci est divisé par la bissectrice de l'angle opposé en deux segments dont l'un est les $\dfrac{3}{4}$ de l'autre.

Trouver le troisième côté de ce triangle.

412. On mène d'un point pris hors d'un cercle une sécante de 348^m,25; la partie interceptée dans le cercle étant de 119^m,34,

Quelle est la longueur de la tangente, menée du même point à ce même cercle?

413. Trouver le côté du triangle équilatéral inscrit dans un cercle de 75^m,36 de rayon.

414. Déterminer le rayon d'un cercle, le côté du triangle équilatéral inscrit ayant 428^m,28.

415. Étant donné le côté a d'un triangle équilatéral, exprimer la hauteur en fonction de ce côté.

Application de la formule à un triangle équilatéral de 234^m,56 de côté.

416. Étant donnés les trois côtés a, b, c d'un triangle, calculer la hauteur correspondante au côté a en fonction des côtés.

Quelle est la formule lorsqu'on représente le périmètre du triangle par $2p$.

Application de cette formule au triangle dans lequel $a = 428$ mètres, $b = 375$ mètres et $c = 296$ mètres.

417. Trouver le côté du carré inscrit dans un cercle de 153 mètres de rayon.

418. Une circonférence a 214 mètres de contour, quelle est la longueur du côté du carré inscrit dans le cercle que limite cette circonférence?

419. Calculer le côté du décagone régulier inscrit dans un cercle de 146 mètres de rayon.

420. Trouver le rayon du cercle dans lequel le côté du décagone régulier inscrit a 98^m,65.

421. Trouver le côté du pentagone régulier inscrit dans un cercle de 108 mètres de rayon.

422. Calculer les rayons des cercles inscrits au carré, au triangle équilatéral, au pentagone régulier, à l'hexagone régulier, au décagone régulier, au dodécagone régulier, le rayon du cercle circonscrit étant égal à 1.

423. Un bassin circulaire a 98 mètres de rayon.
Déterminer le contour de ce bassin.

424. Deux circonférences ont : l'une 75^m,40 et l'autre 54^m,70 de rayon.
Trouver le rayon de la circonférence égale à la somme des deux circonférences données.

425. Quel est le côté du cube équivalent à un parallélipipède dont les dimensions sont 40 mètres, 20 mètres et 10 mètres?

426. Trouver la longueur de la diagonale d'un parallélipipède rectangle, dont les dimensions sont 75 mètres, 48 mètres et 20 mètres.

427. Quel est le côté du cube double en volume d'un cube de 52 mètres de côté?

428. Déterminer la base d'un rectangle de 236 mètres de hauteur, et équivalent à un parallélogramme d'une superficie de 8 hectares 26 ares 42 centiares.

429. Les côtés adjacents d'un parallélogramme ont : l'un 154 mètres et l'autre 98 mètres. La distance entre les côtés de 154 mètres est de 103 mètres.
Quelle est la distance entre les deux autres?

430. Les trois côtés d'un triangle ont : l'un 72 mètres, l'autre 49 mètres et le troisième 52 mètres. La hauteur du triangle en prenant pour base le premier côté étant de 28 mètres,

Calculer les hauteurs correspondantes aux deux autres côtés pris successivement pour bases.

431. Quel est le côté du carré équivalent à un rectangle de 428 mètres de base et 175 mètres de hauteur?

432. Un pré rectangulaire est entouré de 648 peupliers plantés à 5 mètres les uns des autres.

Quelle est l'aire de ce pré, la largeur étant les $\frac{5}{7}$ de la longueur?

433. Deux triangles de même base ont : le premier une surface de 1 hectare 79 ares 68 centiares, et le deuxième une surface de 1 hectare 66 ares 40 centiares.

1° Trouver le rapport des hauteurs de ces deux triangles; 2° calculer ces hauteurs, la base commune étant de 208 mètres.

434. Quel est le côté du carré équivalent à un triangle de 342 mètres de base et 296 mètres de hauteur?

435. Le périmètre d'un triangle est de 864 mètres, et le rayon du cercle inscrit à ce triangle est de 103 mètres.
Calculer la surface de ce triangle.

436. L'aire d'un trapèze est de 5 hectares 42 ares 8 centiares, la grande base a 342 mètres et la petite 278 mètres.
Trouver la hauteur de ce trapèze.

437. Déterminer la grande base d'un trapèze dont la surface est de 20 hectares 62 ares 56 centiares, et la petite base de 257 mètres.

438. 1° Quelle est la valeur de la récolte d'un champ de pommes de terre de forme rectangulaire, ayant 321 mètres de large et 15 ares 27 ares 96 centiares de surface? Le champ est divisé en sillons espacés les uns des autres de 0ᵐ,60; chaque sillon rapporte, en moyenne, 970 litres de tubercules et l'hectolitre est estimé 9 fr. 40 c.
2° Quelle est la production par hectare?

439. En mettant 1 litre d'engrais par mètre carré, quel sera le prix de l'engrais nécessaire à un champ formant un trapèze de 246 mètres de hauteur, et dont la grande base a 428 mètres et la petite 275 mètres? On suppose que la pesanteur spécifique de cet engrais est 0,768, et que les 100 kilog. sont estimés 1 fr. 35 c.

440. Trois héritiers se sont partagé, proportionnellement aux nombres 8, 7 et 5, un champ triangulaire de 560 mètres de hauteur. La part de chaque héritier étant un triangle de même hauteur que le triangle à partager, et la base du premier ayant 1 265m,6,

Calculer : 1° l'aire du terrain partagé; 2° la part de chaque héritier.

441. Quel est le prix de la peinture posée sur un mur de 15 mètres de long, le mètre carré étant estimé 3 fr. 15 c.? On suppose qu'une échelle de 2m,072 atteint au sommet du mur, le pied de cette échelle étant à 0m,672 du pied de ce mur?

442. Quel sera le prix du carrelage d'une salle rectangulaire de 18 mètres de long et 9m,20 de large, chaque carreau étant un hexagone régulier de 0m,2 de côté et coûtant 0 fr. 45, la main-d'œuvre comprise?

443. On a fait entourer un bassin circulaire d'une bordure en marbre; le marbre qu'on a employé est estimé 8 fr. 40 c. le mètre courant.

La dépense totale s'étant élevée à 580 fr. 80 c., calculer le rayon de ce bassin. On prendra $\frac{22}{7}$ pour valeur de π.

444. Trouver la valeur de la coupe d'un bois polygonal, en supposant qu'il soit renfermé dans un rectangle de telle sorte que : AK = 200m, KB = 110m, BG = 279m, GL = 180m, LD = 142m, DM = 150m, ME = 273 m, EH = 168m, CG = 40m, FH = 41m.

L'are produit en moyenne 1 stère $\frac{1}{4}$ de bois estimé 13 fr. 20, le stère sur le lieu de l'exploitation.

445. On a fait paver une cour circulaire de 18m,75 de rayon avec des pavés à tête rectangulaire ayant 0m,15 de long sur 0m,12 de large.

Chaque pavé étant estimé 0 fr. 90 tout posé, quel est le prix du pavage de cette cour?

446. Quelle est l'aire d'un triangle rectangle, le rayon du cercle inscrit ayant 178^m,45?

447. Calculer la surface d'un triangle équilatéral de 328 mètres de côté.

448. Trouver la surface d'un triangle dont les trois côtés ont : l'un 136 mètres, l'autre 205 mètres et le troisième 198 mètres.

449. Calculer la surface d'un hexagone régulier de 326 mètres de côté.

450. Quel est le côté du carré équivalent à trois carrés dont les côtés ont respectivement 148 mètres, 98 mètres et 84 mètres.

451. Un triangle isocèle a 1 hectare 24 ares 16 centiares de surface, les côtés égaux ont chacun 128 mètres.
Quelle est la somme des distances d'un point quelconque de la base aux deux côtés égaux?

452. Connaissant la grande base 276 mètres, la petite base 134 mètres et la hauteur 162 mètres d'un trapèze,
Déterminer l'aire du triangle total et du petit triangle formés par le prolongement des côtés non parallèles.

453. Quel est le côté du carré inscrit dans un triangle de 124 mètres de base et 94 mètres de hauteur?

454. Calculer la surface du pentagone régulier de 128 mètres de côté.

455. Trouver la surface du décagone et du dodécagone régulier de 326 mètres de côté.

456. Quel est le rayon d'un cercle ayant 7 328 mètres carrés de surface?

457. Trouver la surface du secteur correspondant à un arc de 60°, le rayon du cercle étant 4^m,75.

458. Quelle est la surface du segment qui correspond au même arc dans la même circonférence?

459. Trouver la surface du secteur qui correspond à un arc de 54° 28′ 32″ dans un cercle de 136 mètres de rayon.

460. Quelle est l'épaisseur de la margelle d'un puits dont la circonférence extérieure a 4^m,30, et la circonférence intérieure 3^m,72 de contour?

461. Calculer la surface comprise entre deux cercles ayant l'un 68 mètres de rayon, et l'autre 54 mètres.

462. Un triangle équilatéral a 205 mètres de côté et un pentagone régulier 146 mètres.
De combien la plus grande de ces deux surfaces surpasse-t-elle l'autre?

463. La surface d'un cercle circonscrit à un triangle équilatéral est de 3^{mq}8,45.
Quelle est l'aire du triangle équilatéral?

464. L'hectare de terre étant estimé 2768 fr., calculer le prix des terrains à acquérir pour la construction d'un chemin de fer de 8 mètres de largeur et 32 kilom. de longueur. Ce chemin est une portion de zone dans laquelle le rayon de la petite circonférence a 6875 mètres.

465. Le côté du triangle équilatéral inscrit dans un cercle a 246 mètres de longueur.
Calculer l'aire de ce cercle.

466. Calculer la surface totale d'un cylindre de 1^m,48 de rayon et 3^m,15 de hauteur.

467. Trouver la surface totale d'un tronc de cône à bases parallèles, la hauteur étant 2^m,43, le rayon de la base inférieure 1^m,20 et le rayon de la base supérieure 0^m,86.

468. Calculer la surface de la terre supposée parfaitement sphérique, en prenant pour rayon la moyenne entre le rayon du pôle 6 356 324 mètres et le rayon de l'équateur 6 376 984 mètres.

469. Une pièce de bois de chêne équarrie a 8^m,75 de longueur et 0^m,56 d'équarrissage.

Quel est le poids de cette pièce, la pesanteur spécifique du bois étant 0,948?

470. Dans un bassin en maçonnerie à fond rectangulaire et destiné à la conservation du vin, ce liquide s'élève à 2^m,16 de hauteur et les dimensions du fond de ce bassin sont 9^m,34 et 4^m,50.

Combien pourra-t-on, avec le vin contenu dans ce bassin, remplir de bouteilles de la capacité de 75 centilitres?

471. Trouver le volume d'une pyramide de 54 mètres de hauteur et ayant pour base un triangle équilatéral de 15 mètres de côté.

472. Un tronc de pyramide a pour base deux triangles équilatéraux, sa hauteur est de 3^m,20.

Quel est son volume, le côté de la base inférieure ayant 0^m,95 et celui de la base supérieure 0^m,40.

473. Déterminer le poids d'un tronc de pyramide en fer à bases triangulaires, de 2^m,35 de hauteur, les côtés de la base inférieure étant : l'un de 0^m,65, l'autre de 0^m,52 et le troisième de 0^m,91. On suppose d'ailleurs que le côté de la base supérieure correspondant au troisième de la base inférieure a 0^m,07 et que la densité du fer employé est de 7,78.

474. Un tronc de pyramide de 1^m,85 de hauteur a pour bases deux hexagones réguliers dont l'un a 0^m,82 de côté et l'autre 0^m,48.

Chercher le volume de la pyramide totale et de la petite pyramide formée par le prolongement des arêtes.

475. Un cylindre a une capacité de 1 hectolitre, et la hauteur est double du diamètre de la base.

Quelles sont ces deux dimensions?

476. Combien faudra-t-il employer de feuilles de tôle de 15 décimètres de long sur 9 de large pour faire 42 mètres de tuyaux ayant 5 décimètres 45 centimètres de calibre?

477. Un cylindre de 3^m,60 de hauteur et dont la base a 0^m,45 de rayon est rempli d'eau aux $\frac{2}{3}$.

Quel est le nombre de litres d'eau contenu dans ce cylindre?

478. Dans un tube de 5 millimètres de diamètre rempli d'eau à une hauteur de 0^m,046, on a plongé trois petits lingots d'or, dont le poids spécifique est 19,26. Après l'immersion, l'eau s'est élevée dans le tube à une hauteur de 0^m,052 millimètres.

Quel est le poids de ces lingots?

479. Quel est le poids d'un cône en cuivre de 1^m,48 de hauteur, le rayon de la base ayant 0^m,65.

La pesanteur spécifique du cuivre est 8,788.

480. On a deux cercles concentriques. On demande de calculer la longueur d'une corde du grand cercle tangente au petit cercle. Les rayons des 2 cercles sont R = 36 et r = 29.

(Donné à la Sorbonne le 29 avril 1854. — Baccalauréat ès sciences.)

481. On suppose la surface des mers sphérique, la sphère terminée par cette surface a un rayon de 6366200 mètres.

Un observateur est placé au sommet du grand mât d'un vaisseau, à 60 mètres au-dessus du niveau de la mer.

On demande jusqu'où s'étendra la vue de cet observateur.

(Donné à la Sorbonne le 24 juillet 1854.)

482. Quel est le diamètre d'un fil d'or qui pèse 26 grammes par mètre. On prendra pour la densité de l'or 19,26.

(Donné à la Sorbonne le 21 décembre 1855.)

483. Le côté d'un cône est 25^m,7; la surface de sa base est de 4 mètres carrés.

On demande de calculer la surface du cercle dont le plan est distant de 3^m,42 du plan de la base.

(Donné à la Sorbonne le 19 décembre 1855.)

484. Une sphère creuse en argent pèse, quand elle est vide, 726^g,05; le poids de l'eau qu'elle contient à 0° est 2524^g,35; la densité de l'argent est 10,47.

On demande quelle est la circonférence d'un grand cercle de cette sphère.

(Donné le 3 août 1855.)

485. Étant donné un cône tronqué dont la hauteur est H, le rayon de la base supérieure 4 mètres, celui de la base inférieure 22 mètres, trouver le rayon d'un cylindre de même hauteur H, dont le volume soit équivalent à celui du tronc de cône.

(Donné le 31 juillet.)

486. Déterminer le volume d'un tronc de cône à bases parallèles de $3^m,48$ de hauteur, le rayon de la base inférieure ayant $0^m,68$, et celui de la base supérieure $0^m,52$.

487. Déterminer le volume de la Terre, en prenant pour rayon la moyenne entre le rayon du pôle 6 356 324 mètres, et le rayon de l'équateur 6 376 984 mètres.

488. Calculer le volume du Soleil et celui de la Lune par rapport à celui de la Terre;

Le diamètre du Soleil étant 109,93 fois celui de la Terre, et celui de la Lune n'en étant que les 0,27.

489. Un triangle équilatéral en acier de $0^m,15$ de côté tourne sur un de ses côtés et s'enfonce ainsi complétement dans un bloc de marbre, dont la densité est 2,72. L'axe de rotation est normal à la surface du bloc et le triangle pénètre par son sommet.

Quelle est la perte de poids que le bloc de marbre doit subir dans cette opération?

(Problème donné le samedi 8 décembre 1855 à la Sorbonne.)

490. La plus grande pyramide d'Égypte a 146 mètres de hauteur, et sa base est un carré de 237 mètres de côté.

Quel est le volume de cette pyramide?

491. On veut faire, avec du taffetas verni qui pèse 250 gr. le mètre carré, un ballon propre à contenir 904,78 mètres cubes de gaz hydrogène.

On demande le poids du taffetas employé.

(Donné à la Sorbonne le 27 juillet 1855.)

492. Une sphère en plomb, dont la surface est de 12 décim. carrés 56 cent. carrés 64 mill. carrés, pèse $47^k,54288$.

Calculer la densité du plomb et le rayon de la sphère.

493. Quelle serait la valeur d'une sphère en or de $0^m,04$ de rayon, la valeur commerciale de l'or étant de 3 fr. le gramme?

494. On a plongé dans un vase rempli d'eau un cône en fer de $0^m,07$ de hauteur. — La quantité d'eau épanchée étant de $3^{lit},46$ et la densité du fer 7,788.

Quel est le rayon du cône immergé?

495. Un rouleau cylindrique de bois de sapin surnageant sur l'eau de mer a $4^m,75$ de longueur, et la flèche de la partie qui surnage a $0^m,48$.

Quel est le poids de ce rouleau, la pesanteur spécifique du sapin étant 0,657?

496. Une sphère de platine a $0^m,05$ de rayon à 95°.

Quel sera le volume de cette sphère à 0°? Le coefficient de dilatation linéaire du platine étant 0,00000884.

497. Quels seraient les rayons des cylindres qu'on pourrait faire avec cette sphère : 1° à 95°; 2° à 0°?

La hauteur commune des cylindres est supposée de $1^m,75$.

498. Calculer le nombre de litres d'eau contenus dans un bassin à bords circulaires et à fond horizontal, la circonférence inférieure ayant $48^m,20$, et la circonférence supérieure $24^m,35$, ce bassin étant rempli d'eau à moitié de sa hauteur.

499. Déterminer une formule générale qui donne le nombre de points d'intersection de n droites.

Application à 35 droites.

500. Déterminer une formule générale qui fasse connaître le nombre de diagonales qu'on peut mener dans un polygone de n côtés.

Applications aux polygones de 12, 15, 18 et 20 côtés.

501. Un jardinier doit arroser 36 arbres plantés en ligne droite, à 3 mètres de distance les uns des autres. Le bassin où il doit prendre l'eau est sur la même ligne droite que les arbres et à 5 mètres du premier.

On demande combien il aura de mètres à parcourir pour arroser ces 36 arbres.

502. Dans un arsenal, une pile (1) triangulaire de boulets a 35 boulets dans chaque côté de sa base.

On demande le nombre des boulets contenus dans cette pile.

Physique.

503. La densité du mercure étant 13,596, quelles sont, lorsque la colonne barométrique a 0ᵐ,76, 1° la pression exercée sur un centimètre carré; 2° la pression exercée sur la surface du corps d'un homme de taille ordinaire, cette surface étant à peu près 1ᵐ·q,5.

504. Une personne achète un vase dont la matière est un alliage d'or et d'argent; ce vase pèse 850 grammes dans l'air, et 800ᵍ,7 dans l'eau.

Déterminer le poids de chaque métal, la densité de l'or étant 19,25, et celle de l'argent 10,47.

505. Le poids spécifique d'un corps s'obtient en divisant le poids de ce corps par son volume. Calculer : 1° le poids de 3ˡⁱᵗ,7 d'huile d'olive, la pesanteur spécifique étant 0,915;

2° le volume de mercure qui ferait équilibre à 86ˡⁱᵗ,912 d'eau, la pesanteur spécifique du mercure étant 13,596;

3° le poids de 56 décim. cubes, 438 cent. cubes de fer, la pesanteur spécifique du fer étant 7,788;

4° le volume de 864 kilog. de bois chêne, la pesanteur spécifique étant 1,17.

506. Une personne achète 5ˡⁱᵗ,8 d'essence de térébenthine, dont la pesanteur spécifique est 0,870.

Quelle doit être le poids de cette essence?

---

(1) Dans les arsenaux, les boulets sont placés par piles qui peuvent être triangulaires, quadrangulaires ou rectangulaires.

Lorsqu'une pile est triangulaire, on dispose sur le sol une tranche de boulets, de manière que ceux qui sont sur les bords forment un triangle équilatéral. Sur cette première tranche, on en construit une seconde, et ainsi de suite, chaque tranche ayant un boulet de moins dans son côté; le sommet de la pile se termine par un boulet.

507. On démontre en physique que la chaleur nécessaire pour vaporiser 1 kilog. d'eau, sous la pression ordinaire, est de 540 calories (unités de chaleur). Par conséquent 1 kilog. de vapeur en passant à l'état liquide abandonne les 540 unités de chaleur qu'il contenait à l'état latent ([1]).

D'après cela, combien faudra-t-il de kilog. de vapeur d'eau à 100° pour élever la température de 246 kilog. d'eau de 12° à 34°?

508. Dans 140 kilog. d'eau à 15° on a fait condenser 8 kilog. de vapeur d'eau à 100°.

Quelle doit être la température de la masse liquide?

509. Combien 36° Farenheit valent-ils de degrés centigrades? Combien de degrés Réaumur?

510. Lorsque le thermomètre Farenheit ([2]) marque 75°, combien doit en indiquer le thermomètre centigrade? Combien le thermomètre Réaumur?

511. Dans une machine hydraulique ([3]) les pressions sont proportionnelles aux surfaces des pistons.

Quelle pression doit-on exercer sur le petit piston pour obtenir une pression de 8,624 kilog. sur le grand, lorsque les diamètres des 2 pistons sont entre eux comme 35 est à 4?

512. Une personne achète une coupe en or du poids de 1 276 grammes et au titre de 0,950.

La densité de l'or étant 19,258 et celle du cuivre 8,788.

Quel est le volume de cette coupe?

513. Une barque peut supporter une charge maximum de 896 kilog. sur l'eau douce.

(1) Cette propriété des vapeurs de restituer leur chaleur latente, lorsqu'elles se condensent, a été utilisée pour le chauffage des bains, des lieux d'habitation, des édifices publics, des serres et des étuves.

(2) Dans le thermomètre Farenheit, le point de fusion de la glace est marqué 32 degrés, et le point d'ébullition de l'eau est marqué 212 degrés. Le degré 0 correspond au degré de froid qu'on obtient en mélangeant des poids égaux, de sel ammoniac et de glace pilée. Ce thermomètre est en usage en Angleterre, en Hollande et dans l'Amérique du Nord.

(3) La presse hydraulique est en usage dans la fabrication de la poudre de guerre, du papier, des huiles grasses, des argiles à briques; on s'en sert aussi pour fouler les draps, extraire le suc des betteraves, pour séparer l'oléine de la stéarine, dans la fabrication des bougies, en un mot, pour tous les travaux qui nécessitent de grandes pressions.

Combien supporterait-elle sur mer, la densité de l'eau de mer étant 1,026 ?

514. Le coefficient de dilatation linéaire du fer étant 0,00001182,

Quelle distance doit-on ménager entre 2 rails consécutifs pour laisser un libre jeu à la dilatation, la longueur de chaque rail étant 4^m,5, et la différence entre les deux températures extrêmes de l'hiver et de l'été étant supposée de 40° ?

515. Une horloge réglée par un pendule non compensé est placée dans un milieu dont la température constante est 8°.

De combien retardera cette horloge en 24 heures, si on la transporte dans un milieu dont la température est constamment 40° ?

Le coefficient de dilatation linéaire du cuivre est 0,0000187, et la longueur du pendule qui bat la seconde à Paris, à 8°, est de 994 millim. On sait d'ailleurs que la durée des oscillations d'un pendule est en raison directe de la racine carrée de sa longueur.

516. On a 3 lingots de volumes différents, le 1er d'or pur, le 2e d'argent pur et le 3e de plomb. — On désire trouver le poids de chacun de ces lingots; mais on n'a pas de balance. Pour arriver à ce résultat, on plonge le 1er dans un vase plein d'eau, et après l'immersion, on constate qu'il s'est écoulé du vase 148 gr. d'eau. — On plonge ensuite le 2e, après avoir retiré le 1er, et il s'écoule encore 205 grammes d'eau. — Enfin, le 2e étant ôté, on plonge le 3e, et il s'écoule de nouveau 316 grammes d'eau.

Déterminer le poids de chacun de ces lingots, la pesanteur spécifique de l'or étant 19,258, celle de l'argent 10,474, et celle du plomb 11,352.

517. On veut faire le vide dans un récipient sphérique de 15 centimètres de rayon, et la capacité de chaque corps de pompe de la machine pneumatique est égale au 1/8 de la capacité du récipient.

On demande : 1° quel sera le poids de l'air qui restera dans le récipient après 12 coups de piston ; 2° quelle sera la force élastique de cet air, en supposant que cette force élastique soit d'abord égale à 760 millimètres ?

518. Combien faudrait-il de kilogrammes de vapeur d'eau à 100° pour élever de 14° à 28° l'eau contenue dans un réservoir sphérique de 1^m,24 de rayon ?

On sait que chaque kilogramme de vapeur, en passant à l'état liquide, abandonne 540 unités de chaleur et donne un kilogramme d'eau à 100°.

519. Calculer la valeur numérique de la pression atmosphérique exercée sur un cercle de $2^m,45$ de rayon, la hauteur barométrique étant $0^m,76$. Le poids spécifique du mercure est 13,596.

520. On verse 8 kilog. de mercure dans un vase cylindrique de $0^m,8$ de rayon. Le poids spécifique du mercure étant 13,596,

A quelle hauteur s'élèvera le mercure versé?

521. Trouver le coefficient de dilatation d'une barre de cuivre de $6^m,1$ de long qui se dilate autant qu'une barre de fer de $9^m,35$.

Le coefficient de dilatation du fer est 0,0000122.

522. Quelle est la longueur d'un rouleau de bois de $0^m,25$ de rayon? Le poids spécifique du bois est 1,14, et le rouleau pèse $32^k,75$.

523. Une pièce de bois équarrie dont la pesanteur spécifique est 0,98 a $0^m,78$ d'équarrissage. — Elle plonge dans l'eau de mer, dont la pesanteur spécifique est 1,123.

Quelle est la hauteur de la partie immergée?

524. Un cône de fer de $0^m,08$ de diamètre plonge par sa base dans du mercure.

De combien s'enfoncera ce cône?

La densité du fer est 7,79, et celle du mercure 13,596.

525. On mêle ensemble $5^k,45$ de glace à 0° et 78 kilog. d'eau à 28°.

Quelle sera la température du mélange?

526. Une plaque rectangulaire de fer à 0° a $4^m,98$ de long et $2^m,56$ de large.

On porte sa température à 86°.

De combien augmente la surface de cette plaque, le coefficient de dilatation du fer étant 0,0000122?

6

527. On a placé dans un cylindre de $0^m,04$ de diamètre de l'eau, du mercure et de l'huile. Ces 3 liquides occupent ensemble un volume de 28 décimètres cubes 136 cent. cubes, et il y a un poids égal de chacun d'eux.

Déterminer ce poids, la pesanteur spécifique du mercure étant 13,596 et celle de l'huile employée 0,914.

528. On demande le poids d'une sphère en or ayant $0^m,48$ de rayon. La pesanteur spécifique de l'or est 19,26.

529. Quel est le diamètre d'un fil de platine qui pèse 27 grammes par mètre de longueur ? On prendra pour densité du platine 21,53.

(Donné à la Sorbonne le 20 décembre 1855.)

530. Un corps pèse dans l'air $7^g,55$; dans l'eau $5^g,17$; dans un autre liquide $6^g,35$.

Tirer de ces données la densité du corps et celle du liquide par rapport à l'eau.

(Donné à la Sorbonne le 19 décembre 1855.)

531. On a deux thermomètres à mercure construits avec le même verre ; l'un a une boule dont le diamètre intérieur est $0^m,0075$, et un tube dont le diamètre intérieur est $0^m,0025$. L'autre a une boule de $0^m,0062$ de diamètre intérieur, et un tube de $0^m,0015$ de diamètre intérieur.

On demande quel est le rapport de longueur d'un degré dans les deux thermomètres ?

Le coefficient de dilatation du mercure est $\dfrac{1}{5550}$.

(Donné à la Sorbonne le 13 décembre 1855.)

532. On suppose que dans une certaine masse d'eau, qui avait une température de 14°, on a fait condenser 25 kilog. de vapeur d'eau bouillante, à la pression ordinaire de l'atmosphère, et que la température de la masse entière a été élevée à 61°,4.

Quelle était cette quantité d'eau ?

On suppose qu'il n'y a pas eu de chaleur employée à chauffer le vase, et qu'il ne s'en est pas perdu pendant l'expérience ; on sait d'ailleurs que la chaleur latente de la vapeur est 530.

(Donné à la Sorbonne le 12 décembre 1855.)

Mécanique.

Lorsqu'un corps tombe librement dans le vide :

1° La vitesse est proportionnelle au temps de la chute;

2° Les espaces parcourus sont entre eux comme les carrés des temps employés à les parcourir.

On sait d'ailleurs qu'un corps tombant librement dans le vide, sans vitesse initiale, acquiert, à Paris, une vitesse de $9^m,808$ après la 1re seconde de sa chute, et que l'espace parcouru pendant cet intervalle est de $4^m,904$.

533. 1° Quelle est la durée de la chute d'un corps qui tombe sous l'action de la pesanteur d'une hauteur de $3942^m,6048$?

2° Quelle sera sa vitesse en atteignant le sol?

3° Quel sera l'espace parcouru pendant chaque seconde?

534. Calculer la hauteur des tours de Notre-Dame, à Paris, une pierre mettant 3 secondes,69 pour tomber du sommet sur le parvis?

535. Un projectile est lancé verticalement de bas en haut, 1 minute après il est revenu à son point de départ.

Abstraction faite de la résistance de l'air :

1° A quelle hauteur est-il parvenu?

2° Quelle était sa vitesse initiale?

536. Quelle force faut-il appliquer à l'extrémité d'un levier de $0^m,72$ de longueur pour faire équilibre à un poids de 48 kilog. appliqué à l'autre extrémité, cette dernière étant éloignée de $0^m,60$ du point d'appui?

Dans la balance de Quintenz, connue généralement sous le nom de bascule, la longueur du bras de levier destiné à recevoir les poids est égale à 10 fois celle du bras du levier destiné à supporter les fardeaux.

537. Combien doit-on payer pour le transport d'un ballot de marchandises à une distance de 178 kilom., lorsque 12 kilog. 750 grammes font équilibre à ce ballot dans la bascule, le tarif fixé pour le transport des marchandises étant de $0^f,06$ par kilomètre, pour 100 kilogrammes?

Dans les moufles(¹), la force est égale à la résistance divisée par le nombre des cordons.

538. Quelle force faut-il appliquer à l'extrémité libre de la corde d'une moufle à 6 cordons, pour soulever un bloc de pierre de 1 mètre cube 378 centimètres cubes, dont le poids spécifique est 2,46.

Dans le treuil, la puissance est au poids du fardeau à soulever comme le rayon du cylindre est au rayon de la roue.

539. Calculer le poids d'un bloc de pierre soulevé par un carrier à l'aide d'un treuil, la circonférence du cylindre ayant $0^m,88$ et celle de la roue $7^m,04$, en supposant que la force exercée par le carrier soit de 48 kilog.

Pour avoir la puissance dynamique d'une chute d'eau, on multiplie le débit (²) par la hauteur de la chute. Le résultat s'exprime en kilogrammètres (³).

540. Quelle est en chevaux-vapeur (⁴) la puissance dynamique d'une chute d'eau de $1^m,20$, le débit du cours étant de 92 mètres cubes?

541. En évaluant à $4^k,8$ la quantité de vapeur à 134° (⁵), produite par 1 kilog. de houille,

On demande combien il faudrait brûler de kilogrammes de charbon de terre sous la chaudière d'une machine à vapeur qui consommerait 70 kilog. par heure, pour élever la grande pyramide d'Égypte à une hauteur de 38 mètres (⁶)? Cette pyramide pèse 5,900,000 kilog., et le travail utile (⁷) par kilogramme de vapeur à 134° peut s'élever à 30,000 kilogrammètres dans les bonnes machines à détente et à condensation.

---

(1) Une moufle est un système de poulies assemblées dans une même chape (ou support), et montées sur des axes séparés ou sur un même axe.

(2) Le débit d'un cours d'eau est la quantité d'eau qui s'écoule, en une seconde, par une section déterminée.

(3) Le kilogrammètre est le nom donné à la force nécessaire pour élever un kilogramme à un mètre de hauteur. — C'est l'unité de travail.

(4) Le cheval-vapeur vaut 75 kilogrammètres.

(5) La température de 134 degrés correspond à une tension de 4 atmosphères.

(6) Hérodote rapporte que la construction de la grande pyramide d'Égypte occupa cent mille hommes pendant vingt ans. Son centre de gravité est de 38 mètres de hauteur.

(7) C'est-à-dire cette partie du travail de la machine qui n'est point absorbée par la résistance des rouages.

Chimie.

542 ([1]). Combien 20 kilog. de craie (carbonate de chaux),
sous la pression de 6 atmosphères ([2]), donneront-ils de litres
d'acide carbonique? La densité de ce gaz est 1,529.

543. Combien 1 litre d'eau distillée ([3]) contient-il de litres
d'oxygène et de litres d'hydrogène, sous la pression atmosphérique ordinaire?

544. Par la décomposition d'une certaine quantité d'eau,
on a obtenu 3 mètres cubes 775 décimètres cubes d'oxygène.
Calculer le poids de l'hydrogène contenu dans la même quantité d'eau et le poids de l'eau décomposée.

545. L'air sortant des poumons contient, d'après M. Dumas,
4 pour 100 d'acide carbonique, et un homme brûle, par l'effet de
sa respiration, 10 grammes de carbone ([4]) par heure.
Calculer le volume d'air exhalé par un individu en 24 heures.
— L'air pèse à peu près 770 fois moins que l'eau.

546. On compte environ pour un dortoir 6 mètres cubes
d'air par heure de nuit et par individu.
Combien devra-t-on mettre de lits dans un dortoir rectangulaire de 3 mètres de long, 20 mètres de large et 3 mètres de
hauteur?

547. Combien 100 kilog. d'azotate de soude contiennent-ils

---

(1) Ce problème et les suivants ont surtout pour but de faire comprendre aux
élèves l'importance des équivalents chimiques. Ils prépareront, en outre, les jeunes
gens aux questions du même genre que présentent les nombreuses carrières qui se
rattachent à la chimie.

(2) C'est à peu près la pression à laquelle est soumis l'acide carbonique qui entre
dans l'eau de seltz artificielle.

(3) L'eau distillée est l'eau débarrassée des corps étrangers qu'elle tient en dis-
solution. On prépare ordinairement l'eau distillée dans un appareil qui porte le
nom d'alambic. La neige peut être considérée comme de l'eau presque pure.

(4) 1 kilogramme de braise et à plus forte raison de charbon, en combustion
libre, dans une pièce fermée de 25 mètres cubes de capacité, suffit pour asphyxier.
Ce fait donne une idée des dangers que présentent certains modes de chauffage.

d'acide azotique ([1]) anhydre? Combien à 36°? L'acide azotique à 36° Baumé, renferme 54 pour 100 d'eau à peu près.

548. Dans un litre d'eau de pluie, M. Boussingault a constaté la présence de 0 milligramme 72 centièmes d'ammoniaque.

Combien faut-il de litres de pluie pour fournir 1 litre d'ammoniaque?

La densité de l'ammoniaque est 0,596.

549. Combien faudrait-il employer de chlorure de sodium pour obtenir 124 kilogrammes de chlore?

550. Combien de kilogrammes de soufre sont nécessaires à la fabrication de 175 kilogrammes d'acide sulfurique?

551. Le phosphore étant estimé 8 fr. le kilogramme, on trouve que la valeur du phosphore employé annuellement pour la fabrication des allumettes en France est de 288 000 francs.

Le phosphore destiné à cet emploi n'étant que les $\frac{3}{5}$ de la production totale en France,

1° Quelle est la valeur de cette production?

2° Combien faut-il de kilogrammes d'os calcinés pour l'obtenir?

Les os après la calcination, devenus blancs et friables, contiennent environ 87 pour 100 de phosphate de chaux, et la formule du phosphate de chaux contenu dans les os est

$$(CaO)^3, PhO^5.$$

552. On a un mélange de sulfate de potasse et de sulfate de soude, dont le poids total est de 1^k,348. Après avoir dissous ce mélange dans l'eau, on précipite l'acide sulfurique par le moyen du nitrate de baryte, et on a 2^k,582 de sulfate de baryte. En déduire la quantité totale d'acide sulfurique contenu dans

---

(1) L'acide azotique ou acide nitrique est un des acides les plus employés dans l'industrie. Il sert dans la fabrication de l'acide sulfurique, dans la teinture, dans la gravure sur cuivre et sur acier, dans les essais des monnaies, dans le décapage des monnaies et des alliages. La consommation annuelle, en France, est d'environ 4,500,000 kilogrammes.

les deux sulfates, et par suite la proportion de chacun d'eux dans le mélange.

On sait que le sulfate de potasse contient $\frac{45}{93}$ pour 100 d'acide sulfurique, le sulfate soude $\frac{56}{18}$ pour 100, et le sulfate de baryte $\frac{34}{35}$ pour 100.

(Donné à la Sorbonne le 16 août 1854.)

TABLE DES MATIÈRES

PREMIÈRE PARTIE.

PROBLÈMES D'ARITHMÉTIQUE.

DEUXIÈME PARTIE.

APPLICATIONS A LA GÉOMÉTRIE, A LA PHYSIQUE, A LA MÉCANIQUE ET A LA CHIMIE.